农业部武陵山区定点扶贫县农业特色产业

技术指导丛书——龙山篇

农业部科技发展中心
恩施州农科院 编著
湘西州农科院

中国农业科学技术出版社

图书在版编目（CIP）数据

农业部武陵山区定点扶贫县农业特色产业技术指导丛书. 龙山篇／农业部科技发展中心，恩施州农科院，湘西州农科院编著.—北京：中国农业科学技术出版社，2017.10

ISBN 978-7-5116-3130-5

Ⅰ.①农… Ⅱ.①农…②恩…③湘… Ⅲ.①农业技术-丛书 Ⅳ.①S-51

中国版本图书馆 CIP 数据核字（2017）第 145903 号

责任编辑 张志花
责任校对 李向荣

出 版 者 中国农业科学技术出版社
          北京市中关村南大街 12 号　邮编：100081
电　　话 (010)82106636(编辑室)　　(010)82109702(发行部)
          (010)82109709(读者服务部)
传　　真 (010)82106631
网　　址 http://www.castp.cn
经 销 者 全国各地新华书店
印 刷 者 北京富泰印刷有限责任公司
开　　本 880mm×1 230mm　1/32
印　　张 7.375
字　　数 230 千字
版　　次 2017 年 10 月第 1 版　2017 年 10 月第 1 次印刷
定　　价 26.00 元

编 委 会

前　　言

　　根据农业部计划司统一安排，按照《农业部定点扶贫地区帮扶规划（2016—2020 年）》，农业部科技发展中心与湖北省恩施州（恩施土家族苗族自治州，全书简称恩施州）农业科学院、湖南省湘西州（湘西土家族苗族自治州，全书简称湘西州）农业科学院联合编写了《农业部武陵山区定点扶贫县农业特色产业技术指导丛书》，对 2016—2020 年农业部定点扶贫地区的 4 县（恩施州咸丰县、来凤县和湘西州龙山县、永顺县）的重点和特色产业进行科普解读。恩施州农业科学院、湘西州农业科学院组织马铃薯、茶叶、红衣米花生、食用菌、猕猴桃、黑猪、草食畜、甘薯、藤茶、生姜、百合、柑橘、高山蔬菜等方面的专家和 4 县的农业局、畜牧局及农业技术推广部门 30 多人参加了编写工作，在编写过程中我们深入 4 县进行了产业调研，结合每个县的产业发展状况，以特色作物的起源与分布、产业发展概况、主要栽培品种及新育成品种、栽培技术、主要病虫害防治技术、产业发展现状为主要内容，力求图文并茂，既着眼当前，又考虑长远，兼具科普性、可读性和可操作性，达到助力精准扶贫、科技扶贫、精准脱贫的目的。

　　感谢农业部驻武陵山区扶贫联络组，恩施州和湘西州两地州委、州政府，州委农业办公室，州农业局，州畜牧局等各有关部门对丛书编写工作给予的大力支持和配合。

感谢所有关注丛书编写、关注扶贫攻坚工作的领导、专家和同志们！现在这套丛书已经完成，这是我们对农业部定点扶贫工作所尽的绵薄之力，希望能够对4县乃至武陵山区的特色产业发展起到科学普及、指导、引领作用，助推精准脱贫奔小康。

由于时间紧，调研时间短，丛书难免有不足和错漏之处，敬请读者包容指正。

编委会

2017年2月

目　录

产业规划与布局

高山蔬菜产业

第一章　概　述 ……………………………………………… （6）
　第一节　高山蔬菜的定义及布局 ……………………… （6）
　第二节　高山蔬菜栽培概况 …………………………… （7）
第二章　高山蔬菜育苗技术 ………………………………… （10）
　第一节　育苗棚简介 …………………………………… （10）
　第二节　高山蔬菜设施育苗方式 ……………………… （11）
　第三节　种子处理与播种 ……………………………… （13）
第三章　高山蔬菜栽培技术 ………………………………… （16）
　第一节　白萝卜高产栽培技术 ………………………… （16）
　第二节　大头菜栽培技术 ……………………………… （20）
参考文献 ……………………………………………………… （29）

柑橘产业

第一章　概　述 ……………………………………………… （32）
　第一节　柑橘及生产现状 ……………………………… （32）
　第二节　柑橘产业现状 ………………………………… （33）
第二章　主要品种介绍 ……………………………………… （34）
　第一节　宽皮柑橘类 …………………………………… （34）
　第二节　杂柑类 ………………………………………… （38）
　第三节　甜橙类 ………………………………………… （40）
　第四节　柚类 …………………………………………… （44）

第三章　土肥/修剪/花果管理技术 …………………………（47）
　第一节　土壤管理 ………………………………………（47）
　第二节　肥料管理 ………………………………………（50）
　第三节　柑橘土壤施肥量、时期和方法 ………………（55）
　第四节　整形修剪技术 …………………………………（58）
　第五节　花果管理技术 …………………………………（60）
第四章　主要病虫害防治技术 …………………………………（63）
　第一节　主要种类 ………………………………………（63）
　第二节　常见病虫害防治措施 …………………………（63）
　第三节　几种重点病害的防治 …………………………（64）
第五章　采收、贮藏及加工技术 ………………………………（73）
　第一节　采收技术 ………………………………………（73）
　第二节　贮藏技术 ………………………………………（74）
　第三节　加工技术 ………………………………………（79）
参考文献 …………………………………………………………（82）

黑猪产业

第一章　概　述 …………………………………………………（84）
　第一节　黑猪的起源 ……………………………………（84）
　第二节　我国主要的黑猪品种 …………………………（84）
　第三节　黑猪的发展状况 ………………………………（87）
第二章　黑猪的形态特征及饲养环境 …………………………（91）
　第一节　黑猪的形态特征 ………………………………（91）
　第二节　黑猪的饲养环境 ………………………………（93）
第三章　黑猪的繁殖技术 ………………………………………（95）
　第一节　黑猪种猪选择 …………………………………（95）
　第二节　发情鉴定技术 …………………………………（96）
　第三节　适时配种技术 …………………………………（97）
　第四节　人工授精技术 …………………………………（98）
　第五节　杂交优势的利用 ………………………………（100）

第四章　黑猪的饲养管理 ·· （103）

　第一节　饲养技术 ·· （103）

　第二节　猪场管理制度 ·· （110）

　第三节　猪场规模与建设 ·· （114）

第五章　黑猪疾病的临床诊断及疫病防治 ···················· （117）

　第一节　临床诊断 ·· （117）

　第二节　黑猪疫病防治 ·· （118）

第六章　发展黑猪产业的思路及建议 ·························· （143）

　第一节　发展思路 ·· （143）

　第二节　发展建议 ·· （145）

参考文献 ·· （147）

草食畜牧产业

第一章　概　述 ·· （150）

　第一节　发展草食畜牧业的重要意义 ······················· （150）

　第二节　草场资源概况 ·· （150）

　第三节　草食畜牧业发展现状 ··································· （154）

第二章　品种介绍 ·· （156）

　第一节　牛 ·· （156）

　第二节　山　羊 ·· （157）

第三章　牛羊的养殖技术 ·· （159）

　第一节　黄牛的养殖技术 ·· （159）

　第二节　山羊的养殖技术 ·· （166）

第四章　牛羊饲料及加工调制技术 ···························· （171）

　第一节　牧草科学种植技术 ······························· （171）

　第二节　牧草加工调制技术 ······························· （173）

第五章　牛羊常见疾病防治技术 ······························ （177）

　第一节　黄牛疾病防治技术 ······························· （177）

　第二节　山羊疾病防治技术 ······························· （178）

参考文献 ·· （181）

百合产业

第一章　概　述 …………………………………………………… （184）
第二章　百合的特性与价值 ……………………………………… （189）
　第一节　植物学特征 …………………………………………… （189）
　第二节　生长发育周期 ………………………………………… （191）
　第三节　环境条件对百合的影响 ……………………………… （193）
　第四节　百合的价值 …………………………………………… （194）
第三章　百合栽培技术 …………………………………………… （196）
　第一节　土壤选择与处理 ……………………………………… （196）
　第二节　种球选择、播期与种植密度 ………………………… （197）
　第三节　施肥 …………………………………………………… （198）
　第四节　中耕培土与除草 ……………………………………… （199）
　第五节　植株调整、盖草与打顶、除珠芽 …………………… （200）
　第六节　采收、留种与贮藏 …………………………………… （201）
第四章　病虫害防治 ……………………………………………… （203）
　第一节　百合病虫害综合防治措施 …………………………… （203）
　第二节　百合常见病虫害防治方法 …………………………… （206）
第五章　百合种球繁殖方法 ……………………………………… （213）
　第一节　小球茎繁殖法 ………………………………………… （213）
　第二节　种芯繁殖法 …………………………………………… （214）
　第三节　珠芽繁殖法 …………………………………………… （215）
　第四节　组织培养法 …………………………………………… （216）
第六章　实用丰增产增效技术 …………………………………… （218）
　第一节　地膜覆盖技术 ………………………………………… （218）
　第二节　水旱轮作技术 ………………………………………… （220）
　第三节　避雨栽培技术 ………………………………………… （220）
参考文献 …………………………………………………………… （223）
附录　常见物理量名称及其符号 ………………………………… （224）

产业规划与布局

一、产业选择

龙山县选择蔬菜、柑橘、黑猪、草食畜、百合作为当地扶贫重点产业。从资源禀赋来看，龙山地处云贵高原夏秋蔬菜优势区，是我国最具潜力的鲜食和加工宽皮柑橘基地，具备发展蔬菜、柑橘产业的良好生态条件；八面山是南方最大的高山草甸，草场面积大、饲草料资源丰富，是国家确定的南方种草养畜试点乡；龙山还是湘西黑猪这一优良地方品种的原产地。从产业基础来看，龙山蔬菜、柑橘、百合产业规模较大、产业基础较好，是全国重点蔬菜基地县、全国"百合之乡"，"龙山百合鲜果""龙山百合干片""龙山萝卜""里耶脐橙""比耳脐橙"获得了国家绿色食品和国家地理标志产品认证，其中，百合种植面积、产量和销量均居全国第一，产业链条完善，产品市场知名度高。从带动能力来看，蔬菜、柑橘、黑猪、草食畜、百合等产业共覆盖贫困户 18 878 户，贫困人口 42 482 人。

二、产业布局

蔬菜产业重点布局在洗洛镇、石牌镇、茨岩塘镇、红岩溪镇、洗车河镇、苗儿滩镇、里耶镇、召市镇、民安街道、华塘街道、兴隆街道、石羔街道、洛塔乡、茅坪乡的艾溪沟、高寨、小井、竹坪、桃源、凉水、兴场琐、兴溪、包谷、岩洞、枫坪、飞翔、茶园坡、凉风、木龙湾、毛坝村、头车村、田家沟村、天井、支家、老洞、民主、补洲、民族、红光、树比、黎明、燎原、永明、天堂、树木、麦子坪、半坡、双进、前卫、岩门坡、兴合、瓦房沟、砂桥、猛西、新林、青山堡、白岩洞、双堰、山塘、苦竹、包家垵、猛洞等村，覆盖贫困户 5 500 户，贫困人口 12 500 人。

柑橘产业重点布局在苗儿滩镇、里耶镇、桂塘镇、咱果乡、内溪乡、石羔街道、华塘街道、兴隆街道、石牌镇、民安街道的杨家溪、桂塘、巴沙、水坝、捞田、五官、庆口、隆头、岩冲、灭贼、吴家、西眉、民主、撮箕、六合、咱果、三分田、半坡、梓木、新双、塘口、杉树、树木、黎明、红光、民族、普车、西拉、恒咱、锁湖、洞坎、树平、双坪、岩力、苗儿、苗凤、麦子坪、麦茶、跃进、农林等村，覆盖贫困户 6 200 户，贫困人口 13 100 人。

黑猪产业重点布局在民安、华塘、兴隆、石羔、内溪、桂塘、召市、里耶、靛房、苗儿滩、洗车河、红岩溪、水田坝等乡镇的杨家溪、桂塘社区、巴沙、水坝、捞田、五官、庆口、隆头、岩冲、灭贼、吴家、西眉、民主、撮箕、六合、咱果、三分田、半坡、梓木、新双、塘口、杉树、树木、黎明、红光、民族、普车、西拉、恒咱、锁湖、洞坎、树平、双坪、岩力、苗儿、苗凤、雷音、苦竹、包家垅、猛洞、艾溪沟、高寨、小井、车格、大塘口、切必、大元、小坪、尖峰、新林、蒲家河、三塘、双堰、白岩洞、清坪等村，覆盖贫困户 118 户，贫困人口 382 人。

草食畜产业重点布局在里耶镇、洗车河镇、洛塔、水田、茨岩塘、红岩等乡镇的真仙、清坪、自生桥、天堂、老木林、草果、老洞、水桶、捞车、猛西、高峰、泽果、五台、砂桥、半坡、兴溪、细车、比溪、新场坳、茶园、堰塘、丰坪、猛必、枫坪、西湖、木龙湾、毛坝、尧城、捞田、庆口、联合、水坝等村，覆盖贫困户 240 户，贫困人口 1 200 人。

百合产业重点布局在洗洛乡、石牌镇、兴隆街道、石羔街道、华塘街道、民安街道、茅坪乡、召市镇、苗儿滩镇、茨岩塘镇、水田坝镇、红岩溪镇等乡镇的雷音、苦竹、包家垅、猛洞、艾溪沟、高寨、小井、车格、大塘口、切必、大元、小坪、尖峰、新林、蒲家河、三塘、双堰、白岩洞、响水洞、川洞、石马沟、花果、南北、青岗、前卫、坪溪、新桥、堰坝、神州、桃源、城堡、竹坪、面山、包谷、凉水、兴溪、新场坳、双新、中山、比溪、细车、茄佗、中湾、茶园坡、红卫、民主、苗兴、毛现、亮城、子龙、长丰、光荣、干坝、茶园、金沙、庆口、贾坝、中坝、排沙坪、桐堡、青坪、旧寨沟、岩门口、双溪、跃进、高坪等村，覆盖贫困户 7 320 户，贫困人口 15 300 人。

——全文摘自《农业部定点扶贫地区帮扶规划（2016—2020 年）》

高山蔬菜产业

第一章 概 述

第一节 高山蔬菜的定义及布局

一、高山蔬菜的定义

高山蔬菜，是指利用高山区域夏季自然凉爽、昼夜温差大等优越的气候资源和丰富的山地土壤资源所生产的夏秋季上市、具有一定规模的反季节商品蔬菜。

二、高山蔬菜栽培的适宜区域

（一）高山蔬菜栽培的区域划分

高山区域海拔不同，地形地貌变化大，以及植被、坡向都不相同，这引起高山区域内温度、光照、水分等环境条件的差异，形成特有的高山气候特征。从蔬菜栽培的适宜环境来看，海拔 500~1 200m 地段为高山蔬菜栽培最适宜区域。300~500m 海拔地区的气候特征虽然比不上 500~1 200m 区域高山气候优势，但远远优于平原地区，而且这一区域多为丘陵山地，光照充足，地势较平坦，土质较好，也可发展高山蔬菜栽培。海拔 1 200m 以上地区气候冷凉，仅仅适宜少数喜冷凉蔬菜品种。总而言之，海拔 300~1 200m 高山地区均可发展高山蔬菜栽培，海拔 1 200m 以上地区选择适宜品种栽培。

（二）高山蔬菜各区域的品种布局

发展高山蔬菜，在品种布局上，应根据高山气候特点和蔬菜品种对环境条件的要求，因地制宜，科学布局，追求栽培效益的最大化。

1. 海拔<300m 区域

品种安排与平地相同。

2. 海拔 300~500m 区域

温度、光照条件较好，应安排喜温及耐热的蔬菜品种，如茄果类、瓜类、菜豆、豇豆、甘蓝、结球白菜等。

3. 海拔 500~800m 区域

是高山蔬菜栽培的重要区域，适宜各类蔬菜品种的生长。可根据气候变化和市场需求，采取提前或推迟播种的方法，错期栽培。如喜温的蔬菜可以春夏播种，秋延采收；喜凉的蔬菜可以春夏提前播种，提前采收；还可借助设施栽培，延长蔬菜供应期，提高产量品质。

4. 海拔 800~1 200m 区域

昼夜温差大，适宜秋延后栽培，填补蔬菜产品的秋淡空白。可栽培品种有茄果类、瓜类、豆类、甘蓝、白菜、芹菜、马铃薯、根菜等。

5. 海拔>1 200m 区域

气候凉爽，应安排栽培喜冷凉的蔬菜品种，如菜豆、豌豆、花椰菜、大白菜、萝卜、胡萝卜、甘蓝、芹菜等。

第二节　高山蔬菜栽培概况

一、发展高山蔬菜栽培的意义

（一）有利于山地资源的开发利用

龙山县位于湖南省西部，地处云贵高原北东侧与鄂西山地西南端结合部，武陵山脉由东北和西南斜贯全境，海拔 218.2~1 736.5m，北高南低，气候温和，雨量充沛，雨热同季，山地资源丰富，高山台地众多，山地小气候特点明显，适宜栽培蔬菜品种众多，根据不同的海拔高度和小气候特点，合理安排品种布局，因地制宜发展高山蔬菜栽培，能大大提高自然资源利用率，提高土地单位面积产出效率，有利于山地资源的开发利用。

（二）有利于山区农民增产增收

因地制宜发展高山蔬菜栽培，改变过去种植零星、品种老化、管理粗放、设施落后、效益低下和自给自足栽培模式，向规模化、集约化、高效化、产业化方向发展，优化品种布局，推广优质高产栽培技术。高山蔬菜栽培的种植效益，远远高于种植水稻等其他作物，有利于山区农民增产增收，助力精准脱贫，促进龙山县农村经济的全面发展。

（三）有利于龙山县蔬菜产品的市场供给

利用龙山县高山夏季冷凉等优越的气候资源，发展高山蔬菜生产，并通过错季栽培，使产品上市期恰好处在7—10月，可填补县内蔬菜产品供应的空缺。同时，高山蔬菜栽培品种布局的多样性和茬口安排的灵活性，提供了丰富的蔬菜产品。因此，发展高山蔬菜栽培，不仅可以提供丰富的蔬菜产品，而且可以解决"秋淡"供求矛盾，丰富人们的物质生活，具有较好的社会效益。

二、龙山县高山蔬菜栽培现状

龙山县高山台地众多，山地小气候特点明显，蔬菜种植历史悠久，栽培品种丰富。龙山是全国200个重点蔬菜基地县之一。蔬菜常年种植面积达10万亩（1亩≈667m²，全书同），其中里耶八面山、茨岩塘、洛塔、茅坪等地区高山反季节蔬菜基地4万亩，城郊、召市等地区特色蔬菜基地3万亩，华塘、新城、白羊等地区大棚蔬菜基地5 000亩。在华塘—民安—新城—兴隆街—茨岩塘—水田坝公路沿线打造百里蔬菜长廊。产品远销吉首、常德、长沙、恩施、黔江等地，取得较好经济效益。

三、龙山县高山蔬菜栽培存在的主要问题

（一）基础设施落后，规模较小

龙山县高山蔬菜种植，主要集中在山区，土地比较分散，种植面积处于分散状态，大面积成片基地较少，规模上不去；交通不发达，生产资料运进和产品运出不方便，除去城镇附近，基地设施化率不高。以上这些严重制约了高山蔬菜的发展。

（二）管理粗放，技术措施有待提高

高山蔬菜栽培应根据海拔高度和季节变化，选择适宜品种，合理安排品种布局，科学施肥，有效防治病虫害，精细化管理。但部分菜农品种更新较慢，重种轻管，广种薄收，管理措施不到位，使得蔬菜产量和品质下降，效益较低。

（三）后期处理跟不上，产品附加值低

蔬菜产品采收后，应根据品质好坏，分级、包装，按质论价，体现优质优价。但是很多菜农产品不分优劣，采用统货统装方式上市销

售，优质贱卖，价格上不去，产品附加值较低。

四、龙山县高山蔬菜栽培发展方向

针对龙山县高山蔬菜栽培中存在的问题，在今后的发展方向上应重点突出以下几个方面。

（一）加强大棚、园地道路和灌溉等基础设施建设

适度推广大棚蔬菜，建好园区道路，配套灌溉设备，改善种植条件，使龙山县高山蔬菜栽培向规模化、效益化转变。

（二）普及高山蔬菜系列适用技术

大力推广高山蔬菜优质丰产栽培技术，科学施肥，适时防治病虫害；完善水旱轮作设施建设，改良土壤条件；根据高山地区病虫害发生规律，科学防治病虫害；进一步优化品种布局，引进适合休闲观光的特色品种，促进蔬菜产业和休闲农业的协调发展。

（三）扶持农村新型经营主体，进行适度规模生产

采取公司+基地+农户经营模式，扩大适度规模化经营，扶持蔬菜专业合作社的建设。

（四）注重产品采后处理和品牌建设

应进一步提高品牌知名度。加大招商引资力度，依托企业全面提升服务质量，提高产品附加值，促进龙山县高山蔬菜产业全面发展。

第二章　高山蔬菜育苗技术

育苗质量的好坏对蔬菜的优质丰产起着决定性的作用，蔬菜的育苗技术，是蔬菜高效栽培的基本功。高山蔬菜育苗应根据高山气候具有的地域性和特殊性，按照不同季节的气候变化，做好增温、保温、避雨、遮阴等工作，为幼苗生长提供一个适宜的小气候环境。

第一节　育苗棚简介

一、塑料薄膜大棚

塑料薄膜大棚可分为竹架、水泥架、钢架等，可用作设施育苗，也可用于春提前或秋延后设施栽培。建棚的地点应选择避风、向阳、地势平坦、开阔和日照充足的地块，田间布局为南北朝向。东西两棚间距1m左右，南北两棚间距1.5m。大棚规格长30~45m，宽6~9m，高3.2~3.5m，大棚四周应开设30~40cm排水沟。选用棚膜应透光率高、保温性能好、张力大、可塑性强、防老化流滴和防尘等，最好选用多功能棚膜。目前市面上常用的多功能棚膜有高保温、高透光EVA长寿膜、消雾型高保温、高透光EVA长寿无滴膜、转光型高保温、高透光EVA消雾长寿无滴膜。

二、塑料薄膜中、小棚

塑料薄膜中、小棚是用竹片或小山竹建造的简易棚，中棚长20~30m，宽3~5m，高1.5~2m，主要用于高山蔬菜育苗时的增温保温和避雨。小拱棚长度因地形而定，宽1.2~2m，高0.8~1.2m，主要作用是在高山蔬菜前期育苗时增温保温和避雨，也可用作高山蔬菜提早栽培的保温设施。为了节约成本，塑料薄膜中、小棚所用薄膜多为普通聚乙烯膜或聚氯乙烯膜。

三、防雨棚

防雨棚是将普通塑料薄膜覆盖在大棚骨架上或中、小棚骨架上并固定好，薄膜距地面 0.5~1m，以利于通风降温。防雨棚在多雨季节使用，进行避雨育苗或栽培，可避免雨水冲刷淋袭，改善棚里气候条件，以利于蔬菜生长。

第二节　高山蔬菜设施育苗方式

一、苗床育苗

是将苗床地耕细、耙平，做成高 15~20cm，宽 1.2~1.5m 相应长度的畦面，畦面撒上一薄层营养土，然后撒播育苗的方式（图 2-1）。此方式的优点是用工用时少，播种量大；缺点是幼苗长势偏弱。白菜、莴笋等可用此方式，辣椒、番茄、甘蓝等也可先用此方式播种，然后假植。

图 2-1　保护地直播育苗

二、营养钵育苗

是用营养钵盛装适量营养土或育苗专用基质，有序摆放于整平的畦面，将种子点播于营养钵内，或将先期播种的小苗假植于营养钵内的育苗方式。此方式的优点是苗健壮，定植方便，栽后恢复快，缺点是用工用时多。

三、穴盘育苗

是用穴盘盛装适量营养土或育苗专用基质，有序摆放于整平的畦面，将种子点播于营养钵内，或将先期播种的小苗假植于营养钵内的育苗方式（图2-2）。此方式的优缺点与营养钵育苗相似。

图2-2　保护地穴盘育苗

四、营养块育苗

营养块是一种压缩型基质营养钵，它以作物秸秆、泥炭为主要材料，配以其他营养成分，用机器压制而成的具有蔬菜生长所需的营养成分的营养体（图2-3）。用营养块点播育苗，操作简单，育苗质量好，定植后无缓苗期，育苗效果好。

图2-3　营养块及营养块育苗

五、育苗基质的配制

（一）营养土的配制

在蔬菜育苗中常常用到营养土，幼苗的生长发育与营养土的好坏有很大关系。配制营养土用 50%～60% 没有种过作物的新土或稻田表层的耕作土，35%～40% 充分腐熟的农家肥，5%～10% 的草木灰；然后按每 500kg 营养土加 3～4kg 复合肥、3～4kg 磷肥、1kg 石灰和 0.5kg 多菌灵，充分混合，用薄膜覆盖堆沤 10～15d 即可使用。

（二）自制基质的配制

为减少育苗成本，可选用棉籽壳、酒糟、河沙等自配基质。经多年试验证明，按以下配比的基质应用在育苗上有很好的效果。草炭：棉籽壳：河沙＝2：1：2；草炭：酒糟：河沙＝2：1：2；棉籽壳：酒糟：河沙＝1：1：2；棉籽壳：牛粪：河沙＝2：1：2；另外，在基质中还可加入适量的无机肥，一般每立方米基质中加入 2.5～3.0kg 45% 复合肥。基质 pH 值为 5.8～7.0。

第三节　种子处理与播种

一、播种期的确定

高山蔬菜播种期的确定应根据品种特性、海拔高度、市场需求等要素综合考虑，科学布局，安排适宜播种期。具体原则是：春提早设施栽培和采收期较长可分批上市的品种，可适当早播，以提早产品上市，延长产品采收期和供应期，提高产量和效益；前期对低温敏感的品种应适当迟播；生育期短采收期集中的品种，应根据海拔高度不同，分期分批播种，形成不同上市期，达到均衡供应。

二、种子处理

（一）晒种

播种前一星期内，选择晴天，将种子摊开，去掉劣质种子，晒种 1～2d。晒种有一定消毒作用，并可提高种子发芽势和发芽率。

（二）浸种

1. 温水浸种

浸种是把种子浸泡在水中，使种子在较短时间内吸足种子发芽所需的水分。温水浸种水的温度为 30℃ 左右，时间因品种不同而异。茄果类蔬菜需 6~7h，瓜果类蔬菜需 3~4h，豆类蔬菜需 4~6h，叶菜类蔬菜需 8~10h，芹菜需 12h 以上。

2. 热水浸种

把种子用布袋装好，在清水中常温浸泡 15~20min，再转入 55℃ 热水中浸泡 15min，不断搅动，然后再转入 30℃ 热水中浸泡到所需时间。热水浸种有一定的消毒杀菌作用，但要严格掌握温度，不能伤害种子。

（三）种子消毒

晒种、热水浸种都有消毒作用，生产上还常常采用化学药剂消毒。常用消毒药剂浓度和时间如下：1%硫酸铜溶液，浸种 15min；5%高锰酸钾溶液，浸种 5min；100 倍福尔马林溶液，浸种 20min；10%磷酸三钠溶液，浸种 20min。将种子浸种、洗净，根据不同品种和针对的病害选择以上相应药剂消毒，洗净后再播种。

（四）催芽

1. 春季育苗催芽方法

（1）恒温箱催芽：将浸泡好的种子沥干水，用湿布包好，放恒温箱中，把恒温箱温度调到相应适宜的温度即可，催芽过程中注意保持箱内湿度。种子破嘴露白便可播种。

（2）热水袋催芽：用棉衣将装有热水的热水袋包好，放一层隔热物，把种子用布包好放在隔热物上，用棉被盖好，每天换 1~2 次热水，并冲洗种子一次，种子破嘴露白便可播种。

（3）体温催芽：将种子用布包好后再用薄膜包好，放入内衣口袋利用体温催芽，每天冲洗种子一次，种子破嘴露白便可播种。

2. 夏季育苗催芽方法

（1）冰箱催芽：将经过浸种消毒的种子用纱布包好并用塑料袋套住，放在冰箱保鲜层内，在 5~10℃ 条件下放 2~3d，待80%以上种子发芽后即可播种。

（2）保温桶催芽：在保温桶内装满 2/3 左右的凉水，放入适量小冰块，把种子用布包好后用绳子固定挂在保温桶内，种子不能浸在水中，3d 即可出芽。

三、播种

播种分为点播、撒播和直播，土苗床育苗用撒播，营养钵育苗、穴盘育苗、营养块育苗用点播，每穴 1~2 粒。萝卜、白菜、胡萝卜、小白菜、豆类等蔬菜品种可以大田直播。

四、苗期管理

（一）苗床管理

幼苗出土前：保持苗床充分湿润，并加强保温，尽量少揭或不揭小拱棚。如果发现营养土表层发白，应在日落前一小时洒足水。如果种子被冲出来，应随时补土覆盖。幼苗破心后：将盖在床面上薄膜揭起，逐步降低温度和湿度，加强通风。

（二）间苗、假植

幼苗子叶展开后，播种过密的要及时间苗；2~3 片真叶时及时分苗、假植，假植床营养土同苗床营养土。假植后浇足水，然后密闭 2~3d 保温保湿，加快缓苗期。

（三）幼苗管理

搞好苗期肥水管理和苗床保温及通风工作，搞好病虫害防治工作；定植前 7~15d，加强炼苗，逐渐揭去苗床覆盖物，在移栽前 2~3d，晚上不覆盖，使幼苗适应自然环境。

（四）壮苗标准

根色白色，须根多，茎短粗，10~12 片真叶的幼苗，从子叶到茎基部约 2cm，植株高 18~20cm，子叶部茎粗 0.3~0.4cm，子叶保留，茎有韧性。

第三章　高山蔬菜栽培技术

第一节　白萝卜高产栽培技术

一、白萝卜的形态特征及对环境条件的要求

（一）白萝卜的形态特征

白萝卜属于十字花科萝卜属二年生草本植物。白萝卜的根是肉质根，既是产品器官，又是营养物质贮藏器官，在外形上分为 3 部分：上部根头部为短缩的茎部，由上胚轴发育而成，上生芽和叶；根茎部由子叶以下的下胚轴发育而成，此部表面光滑，没有叶，无侧根；下部为真根部，由幼苗的初生根发育而成，上生侧根。以上 3 部分构成统一整体。白萝卜的茎营养生长期为短缩茎，节间密集。叶绿色，营养生长期丛生于短缩茎上。生殖生长期茎伸长为花茎和花薹。

（二）对环境条件的要求

白萝卜为半耐寒蔬菜，喜冷凉，种子发芽适宜温度 20~25℃，植株生长适宜温度 15~20℃，温度低于 −1~2℃ 肉质根会受冻，温度高于 28℃ 时生长不良。白萝卜长时间在低温条件下易通过春化而发生抽薹，因此，高山栽培白萝卜播种不宜太早或选用冬性强的品种。白萝卜较喜光，如果光照不足或密度过大，会引起叶丛生过旺而影响肉质根膨大，影响产量和品质。白萝卜肉质根膨大期需水量较大，干旱会影响产量和品质。

二、品种选择

（一）捷美 149

叶型半板叶半花叶，植株半直立，长势中等。根形长圆柱形，整齐一致性好，延采根形保持性较好，不易糠心。播种后 55d 左右可成熟，长速快，根长 30cm 左右。

（二）捷如秋 1512

花叶，表皮细腻，根形稍长，植株生长较旺盛，播种后约 60d 可

收获，长速快，根长 30cm 左右，表皮白根眼小，抗病性好，品种适应性较广。

（三）白玉夏

抗病性及耐暑性强，根部白色，长圆筒形，根状均匀，根长 30~33cm。外叶短，可密植。曲根和裂根少，商品性好，播种后 50~55d 可收获。

（四）夏长白二号

叶色深绿，抗热性特强，高温条件下耐糠心和黑心。肉质根长圆柱形，长 30cm，横径 5~6cm。根出土部分长 10cm，皮肉均为白色，极少糠心和抽薹，全生育期 65d。

（五）春不老

晚熟，耐寒力及生长势强，叶簇较直立，叶深绿色，倒披针形，肉质根近圆球形，一半入土，表皮上绿下白，质地致密脆嫩，汁多味甜，不易糠心，品种好。

三、整地与播种

（一）整地

白萝卜的种植应选择土壤肥力好、土层深厚的砂壤土或壤土，田块要提早深耕，充分打碎耙平。大田施足基肥，亩施农家肥 3 000~4 000kg，复合肥 30~40kg，施后整地做畦，畦高 25~30cm，畦宽 1.2~1.5m，土壤疏松，畦面平整。

（二）播种

高山白萝卜栽培播种时期因季节、海拔和采收期而异，龙山县一般在 4—5 月或 6—7 月，应在晴好天气进行，挖穴，直播，株行距为 30cm×40cm，根据不同品种可适当调整。为节约种子，每穴播 2~3 粒，每亩用种量 150g 左右。播后盖 2cm 左右细土，用 96% 金都尔 60mL 对水 60L，畦面喷施防草。然后用遮阳网覆盖保湿，利于出苗。

四、田间管理

（一）间苗

幼苗长至一叶一心后，要及时间苗，主要是去掉弱苗、病虫苗、杂株苗等，每穴保留一株键壮苗，其余全去掉。

（二）水分管理

在发芽期应保持畦面湿润，利于种子发芽、出土；幼苗期应适当控制水分，多蹲苗，抑制浅根生长，诱发深根，防止叶部徒长；肉质根膨大期是需水关键期，应保持水分供应充分，促进肉质根的膨大。

（三）施肥

幼苗生长前期可追施适量尿素提苗，肉质根膨大期每亩追施15~20kg复合肥，将肥料均匀撒施于行间，促进肉质根的膨大。

（四）中耕与锄草

生长期内，结合田间杂草生长情况，中耕锄草1~2次，田间操作时应注意不要伤着植株。

（五）适时采收

当肉质根充分膨大，根基部变圆，叶色变淡时，应及时采收上市。

五、白萝卜栽培常见问题及解决途径

（一）先期抽薹

指肉质根没有充分膨大之前抽薹开花。原因是品种选择不当或提前播种遇到低温，植株通过春化，从而引起提前抽薹。解决途径是选择冬性强不易抽薹品种，春季播种不宜太早。

（二）分叉

土层浅、粗、硬会引起分叉，因此整地时要深翻耙细。

（三）开裂

肉质根膨大期水分供应不均匀造成，肉质根膨大期应均匀供水，不能大干大水。图3-1为开裂的萝卜。

（四）黑心

春季前期雨水过多，田间积水，后期突遇高温，土壤缺硼易造成萝卜黑心（图3-2）。

（五）空心

土温太高和缺水易引起空心，适时播种，及时采收，防止缺水和土温过高。

（六）辣味

有机质不足造成，多施有机肥，及时适量浇水。

图 3-1　萝卜开裂

图 3-2　萝卜黑心

（七）苦味

氮肥过多引起，增施有机肥和磷、钾肥。

六、主要病虫害防治

1. 蚜虫

主要在叶背或嫩梢、嫩叶上吸食植株汁液，致使幼叶畸形或植株矮缩，并诱发烟霉病。防治方法：黄色板诱杀；10%吡虫灵 1 000～

1 500倍液或40%氰戊菊酯3 000倍液喷雾防治（图3-3）。

图3-3　萝卜蚜虫

2. 菜青虫

以幼虫啃食叶片，严重时叶片只剩叶脉。防治方法：幼虫3龄前用5%氟虫脲乳油1 500倍液，或22%氰氟虫腙悬浮剂600~800倍液，或6%乙基多杀霉素悬浮剂1 000~1 500倍液、25%速灭菊酯乳油4 000~5 000倍液防治。

第二节　大头菜栽培技术

大头菜即芥菜，是十字花科芸薹属一年生或二年生草本植物，其品质优良，发展前景广阔。

一、大头菜的形态特征

大头菜的主侧根分布在约30cm的土层内，茎为短缩茎，叶片着生短缩茎上，有椭圆、卵圆、倒卵圆、披针等形状，基部楔形，大头羽裂，具2~3对裂片，或不裂，边缘均有缺刻或牙齿，叶柄长3~9cm，具小裂片；茎下部叶较小，边缘有缺刻或牙齿，有时具圆钝锯齿，不抱茎；茎上部叶窄披针形，长2.5~5cm，宽4~9mm，边缘具不明显疏齿或全缘。叶色绿、深绿、浅绿、黄绿、绿色间纹或紫红。

二、大头菜对环境条件的要求

（一）温度

大头菜喜冷凉润湿，忌炎热、干旱，稍耐霜冻，在我国南方多数地区都能安全越冬。适于种子萌发的旬平均温度为25℃。最适于叶片生长的旬平均温度为15℃，肉质根膨大的最适温度为8~15℃，在高温下，肉质根膨大缓慢，甚至不膨大并有可能发生未熟抽薹现象。但温度过低，肉质根膨大也很缓慢。叶遇霜后易受冻害。因此，在播种期的安排上，应注意使肉质根的膨大生长在霜期之前完成。

（二）土壤要求

大头菜对土壤的要求不严格，但以土层深厚、疏松、保水保肥力强富含有机质的壤土为好。只要有一定灌溉条件，山坡地也可种植。土壤的酸碱度以 pH 值 6~7 为宜。大头菜对肥料的要求以氮肥最多，钾肥次之，磷肥再次之。在肉质根生长盛期，对钾肥的吸收量较大，此时应及时追施钾肥，或在前期施入草木灰作基肥。

（三）光照

大头菜要求充足的光照，在光照不足的地方栽培，或者种植过密营养面积过小，植株得不到充足的光照，会影响肉质根的充分膨大，影响产量和品质；但日照长短对根用芥菜的生长发育没有明显的影响。

（四）水分

大头菜的根系较发达，在生长前期要求较高的土壤湿度和空气湿度，在生长后期肉质根开始膨大后，仍需保持一定的土壤湿度，尤其是肉质根膨大至拳头大时，植株生长速度加快，需水量较多，应适当灌溉。

三、大头菜品种选择

（一）主要类型

大头菜栽培品种根据肉质根的形状可分为3种类型：一是圆锥根类，主要特点是肉质根上大下小，类似圆锥状，根长 12~17cm，粗 7~9cm。二是圆柱根类，肉质根上下大小基本接近，肉质根长 16~18cm，粗 7~9cm。三是近圆球形，其肉质根长 9~11cm，粗 8~12cm，纵横径基本接近。

（二）主要品种

1. 利丰 1 号

是近年国内选出的抗逆强、耐高温、抗霜冻，优质高产根用腌制芥菜新品种。该菜钝圆锥形，皮光滑润泽，商品性佳，单头一般 1~1.5kg。长势旺，抗病虫，好管理。所腌咸菜，馨香爽口，一般小雪前后收刨，切头净根，即可出售。

2. 油菜叶

云南昆明地方品种，叶大，长椭圆形，叶色深绿，叶缘有锯齿状缺刻，叶上生有细刺。耐寒性和冬性都较强，抽薹迟，可适当早播。肉质根圆锥形，膨大慢，晚熟，较肥大，单个重 600~800g，含水量低，加工品质好。从定植到采收 150d 左右。

3. 缺叶大头菜

四川内江地方品种，在该市近郊已栽培 30 余年。株高 49~53cm。叶长椭圆形，长 15cm 左右，横径 9cm 左右，入土 3.0cm 左右，皮色浅绿，地下部皮色灰白，表面较光滑。单根鲜重 450~500g，产量每亩 2 500kg 左右。生长期 120~130d。

4. 鸡啄叶

云南地方品种。云、贵、川均有栽培。植株中等偏小，宜密植，叶直立，叶色绿，缺刻较深，最深处直达中肋，适应性较强，肉质根为近圆锥形，个头较小，单个肉质根重 250~300g，肉质紧实，适宜加工。一般 1hm² 产 1.2 万~1.8 万 kg，从定植到采收 80~90d。

5. 小花叶

云南昆明地方品种，植株中等大小，可适当密植。叶片缺刻多而深，呈羽状分裂。须根发达而长，耐旱力较强，也不易抽薹，适宜水源较近旱地栽培，并可适当早播。肉质根圆柱形，纵径 10.5cm 左右，横径 8cm 左右。入土 3.5cm 左右，皮色浅绿，地下部灰白色，表面粗糙易裂口。在昆明市郊区 8—9 月上旬播种，生长期 130~140d。单根鲜重 350~400g，肉质根产量每亩 2 000~2 500kg。

6. 成都大头菜

四川成都地方品种，植株中等，宜密植，花叶型，叶片较小，叶色深绿，缺刻较深。肉质根圆柱形，皮嫩而白，老熟后根头部略有突起。抽薹较迟，不易空心，品质好。单个肉质根重400~500g，一般1hm²产3.75万~4.5万kg，从定植到采收80~90d。

7. 大五缨大头菜

江苏省淮安县地方品种。株高35cm左右，开张度35~40cm，叶长椭圆形，叶面微皱，叶缘具浅缺刻。肉质根圆锥形，长12cm左右，粗10cm左右，入土3.0cm左右，皮色浅绿，地下部皮色灰白，表面光滑，单根重350g左右；耐寒、耐病毒病，肉质根质地嫩脆，芥辣味浓，皮较薄。生长期90~100d。

8. 小叶大头菜

重庆市大足县地方品种。株高30~35cm，开展度42~48cm，叶椭圆形，叶面光滑，无刺毛，蜡粉少；叶片上部边缘具细锯齿，下部羽状全裂。肉质根圆柱形，长16cm左右。粗8cm左右，入土约5cm，皮色浅绿，地下部灰白，表皮光滑，单根重450~500g，叶丛较小，经济产量高，耐肥、耐寒，肉质根质地致密，含水量低，芥辣味浓，品质好。肉质根产量每亩2 000~2 500kg。生长期120~130d。

四、大头菜的栽培技术

(一) 栽培季节

适期播种是夺取大头菜丰产的关键措施之一。大头菜播种期要求比较严格。播种过早，气温高（大头菜生长最适温度为15~20℃），易发生病毒病及未熟抽薹；播种过迟，遇低温生长慢，同化器官小，根部不易膨大，产量低。湘西地区一般8月下旬至9月上旬是最适宜的播种期。高海拔地区可适当提前。

(二) 播种育苗

大头菜可以育苗移栽，也可直播。实行直播的用种量增加，且土地占用时间延长，但减少了育苗环节，节约了劳力，而且直播的肉质根发生分叉少，形状整齐。直播匀出的幼苗，也可移栽到其他地方。育苗移栽发生分叉较多，但集中管理较为方便，且可充分利用土地。为了减少肉质根分叉，可采取带土移栽或早移栽的方法进行定植。

1. 直播

(1) 播种时期：就同一品种而言，根用芥菜直播时间应比苗床育苗的播种时间延迟 10d 左右，一般于 8 月下旬至 9 月上、中旬播种。如果播种过早，易感染病毒病，并易先期抽薹；播种太晚，因其营养生长不够而产量低，品质差。

（2）播种方法：根用芥菜的直播多采用开穴点播的方法进行，开穴深度一般为 2~3cm，每穴播种 5~6 粒，播后覆盖细土或加有草木灰的细渣肥，并浇透水后再覆盖。每亩播种量约为 100g。

（3）播种密度：要根据芥菜品种的株型大小和植株的开展度来确定播种密度。一般株型较小开展度不大的品种株行距 40cm×50cm，每亩 3 000 株；株型高大开展度也大的品种株行距 50cm×55cm，每亩 2 400 株左右。

2. 育苗

（1）苗床准备：大头菜的前茬以瓜类、豆类、马铃薯、麦茬地为宜。前茬作物必须腾茬早，以便有较充足的时间进行整地耕翻，同时要避免以十字花科的作物作前茬，否则易发生病害。苗床地要求土壤肥沃、土质疏松、背风向阳、能排能灌、病虫害少的田块为佳。播种前 5~7d 深翻地晒土，整地作苗床，每亩施腐熟粪水 2 000kg、过磷酸钙 50kg、适量草木灰作底肥，翻耕耙细，厢面宽 1.1m，厢沟宽 30cm、深 20cm，开好排水沟，播种前一天浇足底水，床面喷多菌灵 500 倍+高效氯氰菊酯 2 000 倍，地膜覆盖备用。

（2）播种时期：育苗的播种期要比直播的提前 10d 左右。我国南方地区育苗播种时间一般在 8 月下旬至 9 月中旬，苗期约 40d。定植期在 9 月下旬至 10 月中旬。

（3）精细播种：每亩大田需苗床 66.7m²，用种量 25~30g。先浇水，后播种，用少量干净河沙与催过芽的种子混匀，均匀撒在苗床上，再用多菌灵或辛硫磷 800 倍液喷洒一次消毒，播种后覆细土，耙平，土 0.6~0.8cm 厚，以看不见种子为宜。盖草，搭小拱棚覆盖遮阳网或农膜。

（4）苗床管理：出苗后及时除去覆盖物。当苗长到 1~2 片真叶时，及时间苗，苗间距 2~3cm，去劣去杂，去病株，每周一次，一般 3 次。每次间苗后视秧苗长势施薄肥 1~2 次。床土不旱不浇水，浇水宜浇小水或喷水，宜早晚进行，定植前一天浇透水。苗期病害主要有猝倒病、病毒病，可用甲基托布津、病毒 A 等药剂防治。虫害主要有蚜虫、叶甲、猿叶虫等，可选用功夫、吡虫啉、敌敌畏等药剂防治。

（三）田间管理

1. 合理密植

大头菜苗龄 30d 左右，幼苗有 4~5 片真叶时为定植适期。采用高畦宽厢栽培，以利于通风透光及排水防涝，畦高 15~20cm，沟宽 40cm，厢面宽 80cm。株行距（30~40）cm×（40~50）cm，每厢按 2 行定植，每亩栽 4 000~5 000 株。定植后半个月内要及时补苗。

2. 适时间苗

直播大头菜幼苗出土后生长迅速，要及时间苗。一般在第一片真叶展开时进行第一次间苗，苗距 3cm，防止拥挤徒长形成高脚苗。定苗应在 3 片真叶展开时进行，保留子叶平展，符合品种特征，根茎长短适中，苗大小一致的壮苗。苗期半月后以每亩 6 000 株左右定苗，不好地宜稠，好地趋稀。

3. 肥水管理

（1）施肥管理。

①基肥：在种植大头菜时，每亩施腐熟农家肥 2 000~2 500kg，高效复合肥 50kg，硼肥 2kg，80~100kg 普钙或钙镁磷肥作基肥，将磷肥均匀撒施在种植大头菜的土地上，再犁耙翻耕整理成畦，使磷肥与土壤充分接触，再种植。

②追肥：大头菜苗期每亩用充分腐熟的稀粪肥浇施一次提苗；幼苗定植成活后，需立即浇活棵肥。在大头菜生长发育期间，要勤施薄施优质有机肥和氮、磷、钾完全肥。一般每 15~20d 施一次，连施 3~5 次，每次每亩用氮磷钾复合肥 5~10kg，配施薄人粪尿带水施肥。磷酸二铵 5~6kg，对清水或沼液或沤制腐熟的人畜粪水 60~80 倍后淋施。肉质根膨大期，根据土壤情况，每亩结合浇水追施 2 次高效复合肥，每次 15kg，亩施磷酸二氢钾 3~5kg。

③叶面追肥：在地下根迅速膨大期，也可同时结合喷药进行每 7~10d 喷施一次 800 倍的蔬菜专用型高美施有机腐殖酸活性液肥等连喷 3~5 次；或磷酸二氢钾 150g 对水 15kg 增产效果显著。另外，在生

长前期，还要叶面喷 2~3 次 0.2%尿素、500 倍微生物活性磷混合液，每 7~10d 喷一次。在生长中后期，每 7~10d 叶面喷洒一次 0.2%尿素、500 倍聚合活性钾混合液，连续喷洒 5~6 次。

（2）水分管理。大头菜在幼苗期常年降雨量基本可以满足水分需求，但气温高天太旱也应在早晚时间浇水，水量不宜太大，以浇小水为主。种植时必须浇透定根水，保证顺利定苗。中期即白露节以前应蹲苗为主，浇水不宜勤，坚持不旱不浇水。防止幼苗徒长，以利培育壮苗。后期即白露至霜降节期间是根基迅速膨大期，要保持土壤水分，浇水以见湿见干为宜。雨水较多时，要及时清沟排水，降低地下水位。冬前如遇长期干旱，可沟灌水一次，并及时排干，不能漫过畦面。

4. 中耕与锄草

生长季节应中耕培土除草，以防根部外露，同时可使土壤疏松，增强土壤透气性，保持水分，利于生长和根茎的快速膨大。间完苗后，进行第一次浅中耕除草。再过 10~15d，约在寒露尾至霜降期间进行定苗，每穴选留苗 1 株，定苗时可利用间拔出来的秧苗进行补缺，此时进行第二次中耕除草。在开盘和肉质根膨大期进行第三次深中耕除草，结合中耕除草可培土 1~2 次，培土可使肉质根柔嫩，不致露出土面，变绿变老。

5. 适时采收

正常气候年份，一般 12 月中下旬至 1 月初，抢晴天采收，采收过迟，外皮老、纤维多、空心率高；过早，则生长不充分，影响品质和产量。

6. 留种

留种田需单独建立，繁种时应与其他品种空间上保持 500m 以上的距离。选择地势高燥、排水良好、肥力适中的田块，9 月下旬至 10 月初播种。2 月中旬株选 1 次，拔除弱株、杂株，按株行距约 12cm 保留种株，并追肥 1 次。3 月下旬抽薹，5 月初种荚由青转黄、八成熟时采收，当从果荚上撮下的种子颜色已发黄时，就应马上收割。质量好的种子呈橘红色，色泽艳丽，老熟过头的种子呈褐色。

收割宜在晴天上午 10 时前进行，就地晒 1h 后，在薄膜或被单上搓出种子，扬净晾干，切忌暴晒。每亩可收种子50kg左右。

种子用塑料袋密封保存。严防种子机械混杂。

五、大头菜的主要病虫害防治技术

1. 大头菜的主要病害及防治技术

（1）猝倒病：可喷洒25%瑞毒霉可湿性粉剂800~1 000倍液或72.2%普力克水剂400倍液，连防2~3次。

（2）病毒病：发病初期用20%盐酸吗啉胍·铜可湿性粉剂500倍液，或2%盐酸吗啉胍悬浮剂400~600倍液喷施，连喷2~3次，每隔7~10d喷一次。

（3）霜霉病：喷洒64%杀毒矾可湿性粉剂500倍液、50%甲霜铜或甲霜铝铜600倍液、72%霜脲锰锌（克抗灵）可湿性粉剂或72%杜邦克露可湿性粉剂800倍液。

（4）立枯病：可喷洒69%安克锰锌水分散粒剂或可湿性粉剂1 000~1 200倍液，或80%多·福·锌（绿亨2号）可湿性粉剂600~800倍液，或95%绿亨1号精品4 000倍液，连续2~3次。

（5）黑腐病：用72%农用链霉素可湿性粉剂4 000~5 000倍液，或75%百菌清可湿性粉剂500~600倍液，或25%甲霜灵可湿性粉剂与50%福美双可湿性粉剂按1：1混合后500倍液喷施。在发病初期隔7~10d喷一次，连喷2~3次。图3-4为发生黑腐病的大头菜。

图3-4　黑腐病

（6）根腐病：发病初期实时清除病株，用50%多菌灵可湿性粉剂500倍液灌溉根茎处，每株浇200mL以上，或用甲基托布津70%可湿性粉剂与代森猛锌70%可湿性粉剂500倍液混用，防治效果更佳。

2. 大头菜的主要虫害及防治技术

（1）蚜虫：用10%大功臣10～15 g/亩，乐果 800～1 000倍液进行防治。距采收前 15d 停止施药。可用 1.8%阿维菌素（虫螨克）3 000～5 000倍液，10%吡虫啉可湿粉 2 000倍液防治，50%抗蚜威可湿粉 1 500～2 000倍液喷雾。

（2）菜青虫：在幼虫1～3 龄时，喷洒2%阿维菌素乳油2 000倍液、2.5%敌杀死乳油 1 500倍液、20%氰戊菊酯乳油 2 000倍液、48%乐斯本乳油或 48%天达毒死蜱 1 000倍液、5%高效氯氰菊酯乳油 1 000倍液。

参考文献

［1］ 杨建国．湘西蔬菜产业现状及发展对策［J］．湖南农业科学，2014，22：65-67.

［2］ 黄启元．南方高山蔬菜生产技术［M］．北京：金盾出版社，2008，9：1-76.

［3］ 刘明月，尹含清．长沙市常见蔬菜安全高效栽培技术［M］．北京：中国农业科学技术出版社，2016.8：9-25.

编写：吴光辉　王元顺　付文晶

配图：湖南省植物保护研究所魏林教授

柑橘产业

第一章 概 述

第一节 柑橘及生产现状

　　柑橘属芸香科,柑橘亚科是热带、亚热带常绿果树,用作经济栽培的有3个属:枳属、柑橘属和金柑属。中国和世界其他国家栽培的柑橘主要是柑橘属。柑橘多为常绿小乔木或灌木,小枝较细弱,无毛,通常有刺,叶长卵状披针形,花黄白单生或簇生叶腋,果扁球形,橙黄色或橙红色,果皮薄,易剥离,性喜温暖湿润气候,我国柑橘资源丰富,品种繁多,有4 000多年的栽培历史。柑橘的营养成分十分丰富,每100g柑橘可食用部分约含糖10g,热量150kJ,维生素C 50mg。维生素C含量高,是人体很好的维生素C供给源。橘皮所含营养丰富,尤其富含维生素 B_1、维生素C、维生素P和挥发油,挥发油中主要含柠檬烯等物质。

　　由于柑橘具良好的鲜食与加工性能,自20世纪80年代以来,柑橘就稳居世界第一大水果的地位,有135个国家种植,在世界农产品贸易量中排列第四位(仅次于小麦、玉米和大米)。目前我国柑橘种植面积和产量均居世界第一位,全国主产柑橘的有湖南、四川、江西、福建、广东等省份(图1-1)。

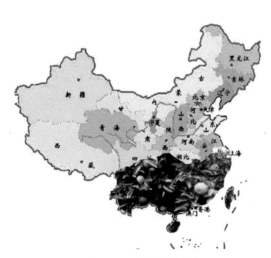

图1-1　中国柑橘主产区

　　近年来,易剥皮、高糖果实与加工鲜食兼

用优质甜橙日益受到欢迎，加工业发展势头强劲，浓缩果汁风光不再，鲜橙汁越来越受消费者青睐，进一步扩大了市场供给。通过柑橘品种选育、品种结构的调整、成熟期合理搭配、科学技术的进步，抗病、抗寒、抗虫等高抗品种大力推广以及不同熟期品种搭配，柑橘周年供应前景广阔。

第二节　柑橘产业现状

从20世纪80年代以来，龙山县柑橘就开始进行了规模栽培，柑橘是龙山县最主要的农业支柱产业之一，对龙山农民的脱贫致富发挥了非常重要的作用，在龙山农村产业脱贫致富中占有非常重要的意义。目前，龙山县柑橘年产值在1.3亿元以上，2015年，龙山县柑橘种植总面积14.3万亩，总产量达10.1t。其中椪柑6.2万亩，4.4万t；橙类6万亩，4.4万t；温州蜜柑1万亩，0.8万t；其他品种1.1万亩，0.3万t。

龙山县属亚热带山地季风湿润气候，年平均气温15.8℃，极端最高气温39.5℃，极端最底气温-6.9℃，年平均日照数1 246.8h，年降水量1 396.8mm，无霜期288d，温暖湿润、雨量充沛、热量丰富、四季分明、日照充足、冬暖夏凉。以"里耶"为中心的南半县气候温暖，年均气温17℃左右，气候条件适宜大多数柑橘品种的栽培。由于特殊的小气候和良好的生态环境，里耶栽培的纽荷尔脐橙绿色生态，色泽深红艳丽，味酸甜适中，耐贮藏，国内知名度越来越高。2016年"里耶"脐橙通过电商平台销售，产生了强大的品牌效应，产品远销全国各地，供不应求。

目前龙山柑橘产业主要分布在20个柑橘重点乡镇192个村，主要布局为以"里耶"（里耶镇、贾市乡、内溪乡、隆头镇、苗儿滩镇、咱果乡等）为中心的橙类柑橘产业带和以"石羔"（石羔镇、三元乡、华塘街道、新城街道、兴隆乡、湾塘乡、白羊乡、石牌镇等）为中心的宽皮橘类柑橘产业带。主要品种有：椪柑类（辛女椪柑、吉品椪柑）；橙类（纽荷尔脐橙、朋娜脐橙）；温州蜜柑类（大分4号、日南一号、山下红、宫川等）；其他品种如南丰蜜橘、小青柑、白皮柚等。

第二章　主要品种介绍

柑橘主要包括宽皮柑橘类、杂柑类、甜橙类和柚类等（图2-1）。

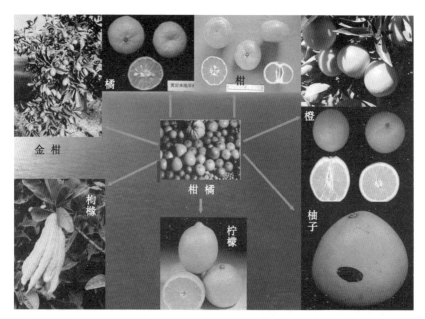

图2-1　柑橘主要品种

第一节　宽皮柑橘类

一、椪柑

椪柑又名冇柑、汕头蜜橘、芦柑、梅柑、白橘。果实色泽鲜亮，橙黄美观，肉质脆嫩，风味浓郁，化渣汁多。主要品种有：8306（辛女椪柑，如图2-2所示）、260（吉品椪柑，如图2-3所示）、太田椪柑、无核椪柑（黔阳无核、辐选28）、新生系3号、鄂柑1号、岩溪晚芦等。

图 2-2　辛女椪柑（8306）

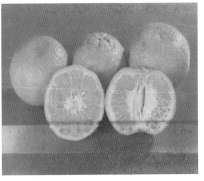

图 2-3　吉品椪柑（260）

"早蜜"椪柑

湘西自治州柑橘研究所最新选育出的椪柑新品种（图 2-4，图 2-5），成熟期为 11 月上旬，比普通椪柑提前 20~30d，其果实扁圆美观，果色橙红，果沟八卦明显，果顶部分有脐，果皮薄，厚度 1.6~2.4mm，平均单果重 124g，单果种子数 3 粒，还原糖 5.28%，总糖 12.62%，含滴定酸 0.73%，可溶性固形物 13.20%~14.60%，维生素 C 47.05mg/100mL，糖酸比 17.47，挂树延迟 30~40d 采收，口感明显变浓变甜，肉质更为细嫩，树冠覆膜可延迟至次年 1 月上旬，可溶性固形物达 16.3% 左右。图 2-5 为早蜜椪柑的挂果情况。

图 2-4　早蜜椪柑

图 2-5 早蜜椪柑挂果情况

二、南丰蜜橘

南丰蜜橘（图 2-6）又名金钱蜜橘、邵武蜜橘（福建）、选自乳橘，是我国的古老品种，有 1 300 年的栽培历史。原产江西南丰，主产江西南丰、临川等地，浙江、福建、湖南、湖北、四川、广西等省（区）有少量栽培。

图 2-6 南丰蜜橘

三、温州蜜柑类

温州蜜柑类又名无核蜜橘,原产浙江,500多年前传入日本,我国和日本栽培最多,是我国栽培最多的柑橘种类。本品种适应性广,耐寒、耐旱、耐瘠薄,南至海南岛,北至陕西汉中。果实无核,风味酸甜,容易剥皮,适合加工制罐。分特早熟、早熟和普通温州蜜柑,种类繁多,湖南省比较有名的品种"安化红"蜜柑(图2-7)是由安化县柑橘无病毒良种繁育中心选育。

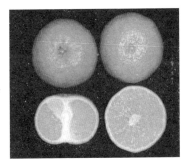

图2-7 "安化红"蜜柑

1. 国庆1号

华中农大选出,9月底10月初成熟,果形扁圆,果皮橙红色,果重125~150g,可溶性固形物9%~12%。

2. 宫本

9月底10月初成熟,果形扁圆,果重120~150g,果皮薄橙红色,可溶性固形物9%~11%以上。

3. 日南1号

9月底10月初成熟,果重120g,果皮薄橙红色,减酸快风味好,可溶性固形物9%~12%(图2-8)。

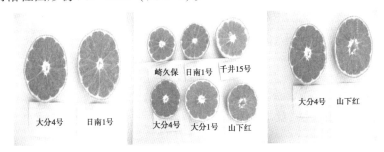

大分4号 日南1号

崎久保 日南1号 千井15号

大分4号 大分1号 山下红

大分4号 山下红

图2-8 温州蜜柑

4. 兴津

10月中旬成熟,果形扁圆,果重 150g 左右,果皮鲜亮光滑。可溶性固形物 10%~13%。

5. 宫川

10月上中旬成熟,果形扁圆,果重 150g 左右,果皮鲜亮光滑橙红色,可溶性固形物 10%~13%。

6. 山下红

10月中旬成熟,果形扁圆,果重 150g 左右,果皮鲜亮光滑红色,十分漂亮,可溶性固形物 10%~14%,风味脆嫩,糖度高。

7. 大分 4 号

大分 4 号是日本大分县选育的特早熟温州蜜柑品种,9 月底成熟,果重 120g,果皮薄橙红色,减酸快风味好,可溶性固形物 10%~13%,是特早熟温州蜜柑中成熟最早、品质最优的品种之一,近年来在湘西自治州不断推广(图 2-8)。

第二节 杂柑类

杂柑类包括秋辉(图 2-9)、诺瓦(图 2-10)、甜春橙柚(图 2-11)、南香(图 2-12)等品种。

图 2-9 秋辉

图 2-10 诺瓦

图 2-11　甜春橘柚

图 2-12　南香

一、春香杂柑

春香（图 2-13）属日本杂交柑橘，系橘和柚的杂交种，日本 2000 年公布。酸极低，口感甘甜脆爽，芳香诱人，品质极上，是柑橘育种中极难得的珍稀高档良种，可作为特色品种规模发展。

图 2-13　春香杂柑

二、爱媛 38 号（28、红美人）

爱媛 38 号（图 2-14）杂柑为日本杂柑新品种，系南香×西子香杂交育成，最新引进。树势旺，开张，叶似橙类，是南香的最佳换代品种，也是取代中熟温州蜜柑的理想品种。

图 2-14 爱媛 38 号

第三节 甜橙类

甜橙类包括普通甜橙、脐橙、血橙等。

一、普通甜橙

包括冰糖橙、锦橙、哈姆林甜橙、夏橙等。

冰糖橙

冰糖橙又名冰糖包，原产湖南黔阳，是当地普通甜橙芽变种。主产湖南省，云南、广东、广西等省（区）有少量栽培。树势中等，树冠半圆形。枝条细软无刺。果实圆球形，橙黄色，大小为（5.4～6.1）cm×（5.2～6.0）cm，果顶圆钝，皮较难剥离，种子 2～4 粒/果，TTS13.0%～15%，酸 0.6%～0.8%，成熟期 11 月上中旬，果肉细嫩汁多、化渣，味甜，品质优。1986 年在普通冰糖橙中已选出麻阳大果冰糖橙（图 2-15）和麻阳红皮大果冰糖橙（图 2-16），2006 年均通过湖南省农作物品种审定委员会审定登记品种，目前主要冰糖橙新品种有锦红、锦玉、锦蜜、农大 1 号和农大 2 号等。

二、脐橙

1. 纽荷尔脐橙

本品种由华盛顿脐橙芽变而得（图 2-17）。我国于 1980 年从美国、西班牙同时引入。主产重庆、江西、四川、广西、广东、福建，其他柑橘主产区也有少量栽培，是目前中国脐橙中栽培面积最大的品

图 2-15　麻阳大果冰糖橙　　　图 2-16　麻阳红皮大果冰糖橙

种。纽荷尔生长较旺，树势开张，树冠扁圆形或圆头形。树条粗长，披垂，有短刺。花稍大，花粉败育。果实椭圆形，顶部稍凹，脐多为闭脐，蒂部有 5~6 条放射沟纹，橙红到深红橙色，大小为（6.5~7.4）cm×（6.7~7.8）cm，果皮较难剥离。TTS12.0%~13.5%，酸 0.9%~1.1%，无核。果肉汁多化渣，有香味，品质上等。该品种丰产性好，对硼比较敏感，容易出现缺硼症状。

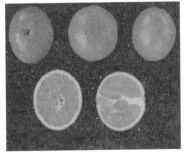

图 2-17　纽荷尔脐橙

2. 园丰脐橙

园丰脐橙（图 2-18）是湖南省园艺研究所育种的华盛顿脐橙自然芽变株系。果实 12 月上中旬成熟。生长势强，树姿较开张，树冠扁圆形或圆头形，枝梢生长健壮，叶色深。有外围长梢、内膛结果的特性，正常情况下无日灼、脐黄和裂果现象。果实近圆形，果形指数1.03 左右，外形整齐美观，果实较大，单果重 248~284.6g，果面较光滑，果色橙红，多为闭脐。果肉汁多，脆嫩化渣，可溶性固形物含量 11.8%~13.8%，总糖含 9.66%~11.05%，可滴定酸含量 0.74%~1.08%，每 100mL 果汁维生素 C 含量 49.86~68.36mg，可食率69.62%~73.35%，固酸比 13.43~17.97，风味甜酸适度。抗性较强，裂皮病、溃疡病、炭疽病等病害较少，是一个发展前途较大的脐橙品种。

3. 崀丰脐橙

崀丰脐橙（图 2-19）是湖南农业大学与湖南省新宁县农业局从华盛顿橙选出，原代号 7904，属华盛顿脐橙芽变系。2004 年通过湖南省农作物品种审定委员会审定登记。主产湖南，广西、江西、湖北等地有少量栽培。果实圆形或椭圆形，橙红色，大小与华脐类似，果脐小，多闭脐，果蒂部周围有短浅放射沟，TTS 11.0%~13%，酸 0.8%~1.1%，无核。成熟期 11 月中下旬至 12 月上旬。该品种适应性强，丰产性好，果实品质好，耐贮藏。

图 2-18　园丰脐橙

图 2-19　崀丰脐橙

4. 福本脐橙

福本脐橙（图 2-20）原产日本，华盛顿脐橙枝变。果实短圆形或球形，橙红色，多闭脐，蒂部周围有明显放射沟，果皮中厚，较易剥离。TTS 12%，酸0.9%，果肉脆嫩，化渣，多汁，香气浓郁，品质优，无核。成熟期在南亚热带地区10月下旬可上市，最适上市时间是11月上旬。该品种产量中等，成熟早，果面光滑，色深艳丽。

图2-20　福本脐橙

三、血橙

血橙（图2-21）属混种植物，最早出现在欧洲，现主要种植在西班牙、意大利和北美。在中国，血橙的主要产地是有着"中国血橙之乡"的四川省资中县，其他地区也有少量分布。血橙以果肉酷似鲜血的颜色而得名，它本质上属脐橙类，现在已经开发出多种品味品种，较为有名的有意大利塔罗科血橙；中国的有红玉血橙等。

图2-21　血橙新品种

塔罗科血橙新系

塔罗科血橙新系（图2-22）是意大利主栽品种。我国20世纪80年代引入，重庆、四川、湖北等地少量栽培。该品种树势较强，春梢叶片大小为8.7cm×4.7cm，卵圆形或长椭圆形。果实倒卵形至椭圆形、橙黄色，完熟时带紫色斑纹，大小为150～200g，TTS 11.0%～12.0%，酸0.8%～1.0%。果肉含花青素，呈血红色，柔嫩多汁，化渣，甜酸适中，少核或无核，成熟期1—2月。该品种丰产，果实耐贮运。

图 2-22　塔罗科血橙新系

第四节　柚　类

普通柚：包括沙田柚、官溪蜜柚、金香柚（图 2-23）、安江香柚、玉环柚、桃溪蜜柚、龙都早香柚、永嘉早香柚（图 2-24）、大庸菊花心、美国强德勒红心柚等。

图 2-23　金香柚

图 2-24　永嘉早香柚

葡萄柚（图 2-25）：是一种芸香科、柑橘属植物，小乔木，枝略披垂，无毛。叶形与质地与柚叶类似，但一般较小，翼叶也较狭且短，嫩叶的翼叶中脉被短细毛。总状花序，稀少或单花腋生；花萼无毛；花瓣比柚花的稍小。果扁圆至圆球形，比柚小，果皮也较薄，果顶有或无环圈，瓢囊 12~15 瓣，果心充实，绵质，果肉淡黄白或粉红色，柔嫩，果重 500g 左右，汁多，爽口，略有香气，味偏酸；维生素 C 含量丰富，果实无核或少核，适宜加工制汁。果期 10—11 月。主要品种有马叙、邓肯、红玉等。

图 2-25　葡萄柚

一、沙田柚

沙田柚（图 2-26）原产地广西容县沙田，现主产广西、广东、湖南、重庆等地。该品种树势强，树冠圆形或塔形，枝梢稍粗，内膛结果为主。花大，完全花，自交不亲和，单性结实能力弱，需人工授粉结实率才高。果实梨形或葫芦形，橙黄色，大小为 1（3.5 ~ 15.0）cm×（16.5 ~ 17.5）cm，果顶部平或微凸，有不整齐的印环，环内稍突出，果蒂有长颈和短颈，短颈品质较好。果皮中等厚，稍难剥离。TSS 12% ~ 16.0%，酸 0.4% ~ 0.5%，果肉脆嫩浓甜，种子 60 ~ 120 粒/果，

图 2-26　沙田柚

成熟期 11 月中下旬。该品种是我国柚类主栽品种，名柚之一。果实耐贮运，以酸柚作砧木。

二、琯溪蜜柚

琯溪蜜柚（图 2-27）原产地福建省漳州市平和县，主产福建，我国柚的栽培省份均有引种。该品种生长势强，树冠圆头形或半圆形，内膛结果为主，花大，自交不亲和，单性结实能力强，不需人工授粉，果实倒卵形或梨形，果面光滑，中秋采收黄绿色，大小为 16.9cm×15.7cm，果顶平，中心微凹且有明显印圈，成熟时金黄色，

果皮稍易剥离，TSS 9.0% ~ 12.0%，酸 0.6% ~ 1.0%，无籽，果肉甜，微酸，成熟期 10 月至 11 月上中旬。该品种是我国柚类主栽品种，早结丰产，早熟，可中秋上市，贮藏性不及沙田柚，容易出现粒化，以酸柚作砧木，福建省已选出红肉蜜柚、三红蜜柚和黄肉蜜柚等。

图 2-27 琯溪蜜柚

第三章 土肥/修剪/花果管理技术

第一节 土壤管理

土质疏松、有机质丰富、既通气又能保持水分的土壤才能适应柑橘正常生长发育。土壤管理的好坏决定柑橘果树的生长良好与否，直接影响柑橘的产量和品质。

一、扩穴改土

扩穴改土是扩大土壤耕作层、改善土壤团粒结构、降低容重、增加有机质的重要措施，也是柑橘橘园土壤耕作管理的重要内容。

柑橘定植后几年内，应继续在定植沟或定植穴外进行深度相等或更深的扩穴改土，以利根系生长。成龄果园土壤紧密板结，地力衰退，根系衰老，改土是确保树势及时恢复，培育强大的根系，扩大树冠，增加有效枝数和总叶数的重要措施。

定植后几年要对原植树穴位逐年扩大，使扩穴部分与上一年的老穴位挖通，沟与沟之间不能留隔墙。春季雨水较多，改土穴易积水，秋季干旱，土壤干燥含水量低，都不利断根愈合和发根。6—7月土壤温度、湿度和气候对断根愈合有利，又是柑橘根系生长高峰，是深翻改土的理想时期。

改土必须结合施有机肥和石灰，才能达到改良土壤，提高土壤肥力的目的。有机肥可用果园周围的山草、栽培的绿肥、秸秆等有机物或者厩肥、饼肥、堆渣肥、河塘泥等。每立方米土壤加 30~75kg 有机肥，与土壤分 3~4 层压入土中，绿肥与厩肥、饼肥、堆渣肥混合施用，效果更好。对酸性土每 50kg 有机肥加入 0.5~1kg 石灰或钙镁磷肥，可调节土壤 pH 值。

二、园地间作

幼龄柑橘园和未封行的稀植成年柑橘园，可进行园地间作。这样既能以园养园，以短养长，增加了经济效益，又增强了土壤的管理。间作豆科作物能固氮，增加土壤氮含量；间种矮秆作物、匍匐作物能覆盖土壤，夏季酷暑能降低土温，减少土壤水分蒸发。间作物的残体能增加土壤的有机质。如间种食荚大菜豌豆、西瓜、秋无架豇豆、草莓、花生等。

三、生草栽培

近年来，生草栽培（图3-1）正逐步推广。橘园生草栽培充分利用本地杂草种类资源，以一年生杂草为主，同时考虑生物多样化和彻底铲除恶性杂草、检疫性杂草为原则，以留草为主，种草为辅，留种结合，优化橘园内群落生态环境。生草栽培法具有很多优点：橘园生草能改善橘园生态环境，防止果树坐果期高温干旱落果；7月以后将草覆盖树盘可在高温干旱季节降低地表温度6~15℃，冬季可提高土温1~3℃，同时还可以保护表土不被冲刷，夏季可起到防旱保水的作用；此外，结合秋冬季施基肥将草翻压，还能增加土壤有机质，提高土壤有效养分的含量；节省劳动力降低成本，达到以草治草、以草养园的目的。

图3-1　生草栽培技术

橘园生草方式有自然留草和人工种草两种。橘园自然留草应以一年生杂草为主，多选用生长容易，生草量大，矮秆、根浅，与橘树无共同病虫害且有利于橘树害虫天敌及微生物活动的杂草，如藿香蓟、三叶草、马唐、狗尾草和空心莲子草等都可以自行繁殖。由于这些杂草的花期较长、适应性强、生长繁殖速度快，根系分布浅，是目前建设生态橘园较好的留草种类。橘园留草应坚决铲除恶性杂草，检疫性杂草，如白茅、棕茅、杠板归、菟丝子等。新开垦橘园要尽快清除树兜、小灌木等。人工种草选择的草种适应性要强，植株要矮小，生长速度要快，鲜草量要大，覆盖期要长，容易繁殖管理，再生能力强，且能有效地抑制杂草发生。草种可选用百喜草、白花草、多花黑麦草和藿香蓟等。

不论是人工种草还是自然留草的果园，均应及时人工或用除草剂杀灭其他杂草。生草三五年后全园深翻一次，结合翻耕每亩果园施用石灰50~70kg，防止生草期长引起土壤板结。树盘下是根系分布最多的地方，不宜生草，应经常保持土壤疏松且无草的状态。

四、果园覆盖及免耕

柑橘园覆盖有如下作用：稳定土温，在高温干旱季节可降低地表土温6~15℃，能防止高温伤害根系，冬季可提高土温1~3℃；保护土表不受冲刷，减少土壤的水分蒸发，有利土壤中微生物的活动，提高土壤肥力；有利于减少杂草和提高柑橘根系吸收土壤中的养分。

覆盖材料，因地制宜，就地取材。果园的覆盖材料很多，常用的有稻草（图3-2）、秸秆（玉米秆、麦秆）、山草、枝桠等。随着塑料工业的发展，地膜（反光膜）覆盖（图3-3）已开始在柑橘栽培上应用。目前果园覆盖地膜的免耕法已开始得到应用和推广，今后可作为一项新技术加强示范与推广。

图3-2　覆草　　　　　　　　　图3-3　地膜覆盖

第二节　肥料管理

柑橘是多年生常绿果树，营养是柑橘生长发育、丰产优质的基础。营养生长和生殖生长需要大量的营养，除叶片进行光合作用制造大量的有机营养外，其他元素主要由根系从土壤中吸收，每年必须进行科学合理的施肥，才能实现优质丰产的目的。

一、柑橘必需营养元素

柑橘在整个生长发育过程中，必需营养元素有 15 种。其中碳、氢、氧系碳代谢元素，取自于水和空气，在光合作用中利用二氧化碳和水产生的碳水化合物占树体干重的 95%。其他 12 种元素主要来自土壤，故又称矿质元素，其中需要量较大的氮、磷、钾、钙、镁、硫等 6 种称为大量元素；而需要量较小的硼、锌、铁、铜、锰、钼等 6 种称为微量元素。

二、柑橘缺素症状与矫治

（一）缺氮症状和有效矫正措施

1. 症状

图 3-4　缺氮症状

柑橘植株缺氮时（图 3-4），新梢生长缓慢，新叶小，叶色绿、发黄，通常叶色较均匀。枝条纤细，树势衰退，果少，加重生理落果，降低产量。柑橘暂时性缺氮时，仅表现为叶片淡绿。如发生连续缺氮时，则表现为叶色黄而小，枝梢弱而纤细，枝条生长受阻，小枝枯萎，产量下降。

2. 防治方法

对暂时性缺氮的橘树，可进行根外追肥，一般春季用 0.5%、夏季用 0.3% 的尿素液肥喷雾，每隔 7d 喷 1 次，连喷 3 次，而防止连续性缺氮的根本措施是提高土壤肥力，按时按量施足氮肥，尤其应注意增施有机肥。

（二）缺磷症状和有效矫正措施

1. 症状

缺磷（图3-5）植株根系
生长不良，枝梢弱，叶稀少，
老叶片呈暗绿色至青铜色，引
起早期落叶，果皮变厚，果汁
少渣多，味酸，果心大，果实
品质差。柑橘缺磷时，越冬老
叶会突然大量脱落，多数落叶
是叶尖先发黄，然后变褐枯
死，这是严重缺磷的典型症

图3-5　缺磷症状

状。越冬老叶缺少光泽，且多呈青铜色，这是磷少氮多的表现。

2. 防治方法

缺磷时，在增加土壤磷的同时，还可用0.3%的过磷酸钙浸出液
多次叶面喷施。

（三）缺钾症状和有效矫正措施

1. 症状

缺钾（图3-6）柑橘果实小，皱皮，易裂果；抽生的枝条细弱，
老叶叶尖及叶缘黄化，易皱缩或卷缩呈畸形，易落叶。

图3-6　缺钾症状

2. 防治方法

缺钾时可土施硫酸钾，也可施草木灰、氯化钾，叶面可喷施

0.3%~0.5%的磷酸二氢钾溶液，均匀喷施叶面，效果较好。

（四）缺钙症状和有效矫正措施

1. 症状

图3-7 缺钙症状

缺钙（图3-7）植株矮小，新梢短，长势差，并出现顶枝枯萎，叶片狭长畸形，发黄，果小而畸形、易裂，汁胞皱缩。

2. 防治方法

施用石灰，酸性土壤施用石灰调节酸度至pH值6.5左右，能增加代换性钙的含量。施用量视土壤酸度而定，一般刚发生缺钙的柑橘园，每亩施石灰35~50kg，与土混匀后再浇水。喷施钙肥：刚发病的树可在新叶期树冠喷施0.3%氯化钙液数次，对氯敏感的品种可换用磷酸氢钙或硝酸钙液。合理施肥，钙含量低的酸性土壤，多施有机肥料，少施氮和钾的酸性化肥。注意保水，坡地酸性土壤柑橘园，宜修水平梯地，雨季加强地面覆盖。

（五）缺镁症状和有效矫正措施

1. 症状

图3-8 缺镁症状

缺镁（图3-8）老叶中脉两侧和主脉之间，出现不规则的黄斑，严重缺镁时，在叶片基部有界限明显的倒"V"字形绿色区域，最后叶片可能全部黄化，提早脱落。

2. 防治方法

在酸性土壤（pH值6.0以下）中，为了中和土壤酸度，应施用石灰镁，每株果树施0.75~1kg，而在土壤呈微酸性（pH值

6.0以上）至碱性地区，则应施用硫酸镁。这些镁盐也可以混合在堆肥里施用。在土壤中钾及钙对镁的颉颃作用非常明显，因此在钾素或钙素有效度很高的地方，镁素的施用量必须增加。此外，要增施有机质肥，在酸性土还要适当增施石灰。轻度缺镁，采用叶面喷施效果快，严重缺镁则以根施效果较好。施用氧化镁或硝酸镁，比施用硫酸镁效果更好，但要注意施用浓度，以免产生药害。

（六）缺锌症状和有效矫正措施

1. 症状

柑橘缺锌（图3-9），叶片失绿，出现典型斑驳小叶，小枝条先端枯死，小叶呈丛生状，果实变小，果皮色淡。

图3-9　缺锌症状

2. 防治方法

春梢停止伸长后，喷施0.1%~0.3%硫酸锌液2~3次。为防止药害，可加入等量的石灰，或与石硫合剂混配。

（七）缺钼症状和有效矫正措施

1. 症状

夏季萌发的新叶叶脉间显出水渍状小病斑，在叶脉两边略呈平行状排列。叶渐成长，病斑扩大。在叶表面其病斑呈显著黄色，病斑边缘渐成正常绿色，最后病斑变成褐色，病斑处自最初的油绿褐色至最后的锈褐色。叶表面的病斑光滑，叶背面病斑处稍肿起，且满布胶质，严重时会引起落叶。

2. 防治方法

叶面喷施 0.01%~0.1% 浓度的钼酸铵或钼酸钠溶液，一般在抽梢后的新叶期或幼果期进行喷施为宜，以喷湿为度。

（八）缺铁症状和有效矫正措施

1. 症状

图 3-10 缺铁症状

柑橘缺铁（图 3-10）叶片变薄黄化，淡绿至黄白色，叶脉绿色，在黄化叶片上呈明显的绿色网纹，以小枝顶端的叶片更为明显。小枝叶片脱落后，下部较大的枝上才长出正常的枝叶，但顶枝陆续死亡。发病严重时全株叶片均变为橙黄色。

2. 防治方法

选用 EDDHA 铁肥。铁在作物体内是不易移动的微量元素之一，柑橘对铁较为敏感，传统的硫酸亚铁等铁肥易被土壤固定失效，叶面喷施被氧化利用率低，喷施或根施效果都不理想。而 EDDHA 铁肥与传统硫酸亚铁相比，施入土壤有效性不易被破坏，稳定性强、水溶性好，易被植物吸收利用。

（九）缺硼症状和有效矫正措施

1. 症状

柑橘缺硼（图 3-11），嫩叶上初生水渍状细小黄斑。叶片扭曲，随着叶片长大，黄斑扩大成黄白色半透明或透明状，叶脉亦变黄，主、侧脉肿大木栓化，最后开裂。老叶上主、侧脉亦肿大，木栓化和开裂，有暗褐色斑，斑点多时全叶呈暗褐色，无光泽，叶肉较厚，病叶向背面卷曲呈畸形。病叶提早脱落，以后抽出的新芽丛生，严重时全树黄化脱落和枯梢。少数叶片长成之后在表现的缺硼症状中，还有叶面既不皱缩，而且叶色也不明显的黄化，只是叶面呈灰绿色，失去光泽，但又出现程度不同的叶脉爆裂症状。缺硼如出现在花期或幼果期，则常表现出大量落蕾落花，或幼果脱落，或幼果不能正常发育，形成果小、皮硬、色暗无光的僵果。

图 3-11 缺硼症状

2. 防治方法

一是土壤直接施硼肥。直接将硼肥施入柑橘根际，特别是将硼肥混入人粪尿中，使硼溶解后，用液肥施入根际，则效果更好。一次施用不宜过多，以免引起硼害。施用时，最好在树冠垂直投影内的树盘上，先扒开表土，以看见部分树根为度，再将硼肥在距主干数寸至1尺（1尺≈33cm）以外的树盘上环状或盘状均匀施入，施后最好覆盖部分有机质肥，然后盖上表土。通常根际施硼可2~3年一次，缺硼严重的树，可每年施一次，直至治好为止。二是根外喷硼肥。一般果园只需在柑橘花蕾期和幼果期进行根外喷硼肥，即可解决缺硼问题，每年可进行1~2次。一定要使用优质硼肥。

第三节　柑橘土壤施肥量、时期和方法

一、施肥时期

（一）幼年树

幼树以促进生长为主，需肥以氮肥为主，不易发生缺素症，为加速幼树生长，应结合幼树多次抽梢特点而多次施肥。抽梢前施肥促进抽梢和生长健壮，顶芽自剪后至新叶转绿期施速效肥，能促使枝梢充实和促进下次抽梢。幼树树小根幼嫩，宜勤施薄肥。幼树重点要培养促春、夏、秋梢，围绕3次梢的生长，每年施肥5~6次，每次梢发芽前和中期各施一次肥，8—10月一般不施肥以防晚秋梢的发生，致遭冻害。

(二) 结果树

结果树既要抽梢促进树冠扩大，又要开花结果，保持营养生长和生殖生长的平衡，又要减少缺素症的发生，实现优质丰产，要根据柑橘需肥规律，施肥量提倡以果定肥，一般每生产 100kg 果实要施入 1.4kg 纯氮、0.7kg 纯磷、1.2kg 纯钾（含有机肥）；也要要重视钙、硼、锌、镁等元素的合理施用。常用的有花期喷施 0.2% 安果硼，嫩梢期喷 0.2%～0.3% 硫酸锌，果实发育后期喷施 0.5%～1% 氯化钙、0.2%～0.3% 硫酸镁。一般全年施好以下 3 次肥。

1. 萌芽肥

施肥的目的在于促进春梢健壮，提高花质，延迟和减少老叶脱落。春梢萌发后，老叶贮存营养迅速减少，需要及时补充。一般在 3 月上中旬春芽萌发前 10～15d 施用，用肥量约占全年施肥总量的 25%。

2. 壮果肥

生理落果停止后，种子快速增大，果实迅速成长，对碳水化合物、水分、矿质元素营养需求增加，果实对枝梢的抑制作用也增强。落果停止后，既要使幼果正常生长，又要促进秋梢生长充实成为良好的结果母枝。壮果肥是必不可少的一次肥料。以 7 月上中旬施用为宜。应以氮、钾为主，结合磷肥，以速效肥为主（本地以复合肥为主），施肥量约占全年的 55%。

3. 采果肥

要视树势、结果情况、叶色等适当调配，如叶色浓绿或结果量多者要适当增加磷、钾肥，树势衰落要增加氮肥。采前施比采后施效果更好。采前肥在果实着色五六成时施下，磷、钾肥可稍多，氮肥可稍少。挂果少的树可不施采前肥，集中在采后重施基肥。施肥量约占全年的 20%，此期化肥用量不宜过多，全年的有机肥可集中此期施用。

二、施肥方法

柑橘园施肥方法可分为两类：一类是土壤施肥，植物根系直接从土壤中吸收施入的肥料；另一类是根外追肥，有叶面喷施、枝干注射等多种。生产上最常用的是土壤施肥和叶面施肥。

（一）土壤施肥

柑橘果园土壤施肥的方式如下。

1. 环状沟施肥

沿着树冠滴水处，挖深15~20cm、宽30cm的环状施肥沟，施肥后覆土。幼年树施肥常用此法。

2. 放射沟施肥

在树冠距树干1~1.5m处开沟，按照树冠大小，向外呈放射状挖沟4~6条，沟的深度与宽度同环状沟法。但要注意内浅外深，即靠近树干处浅些，避免伤及大根。如果施追肥，沟的深度可以浅些。每年挖沟时，应更换位置，以扩大根系吸收范围。

3. 穴状施肥

在树冠范围内挖穴若干个，施肥后覆盖。每年开穴位置错开，以利根系生长。

4. 条沟施肥

这是最常用的施肥方式，在树冠两侧外缘开深20~30cm、宽30cm的条沟，沟长依树冠大小而定。下次施肥换在树冠另外两侧进行。

5. 撒施

在多雨季节，雨后施用氮、钾肥可用撒施，施后耙入土中。在土壤深耕或中耕翻土前撒施，然后翻入土中效果最好。

6. 肥水一体化施肥

利用肥水一体化设施，可采用滴灌、施肥枪等配合灌溉施肥，可定点定量施肥，肥料利用率高，作物吸收快，是目前施肥的发展趋势。

（二）叶面施肥

用喷洒肥料溶液的方法，使植物通过叶片获得营养元素的措施，称为叶面施肥，以叶面吸收为目的，将作物所需养分直接施于叶面的肥料，称为叶面肥。近年来随着施肥技术的发展，叶面施肥作为强化作物的营养和防止某些缺素病状的一种施肥措施，已经得到迅速推广和应用。实践证明，叶面施肥是具有肥效迅速、肥料利用率高、用量少的施肥技术之一。

叶面施肥可使营养物质从叶部直接进入体内，参与作物的新陈代谢与有机物的合成过程，因而比土壤施肥更为迅速有效。因此，常常作为及时治疗作物缺素症的有效措施。在施肥时，还可以按作物各生育期以及苗情和土壤的供肥实际状况进行分期喷洒补施，充分发挥叶面肥反应迅速的特点，以保证作物在适宜的肥水条件下，进行正常生长发育，达到高产优质的目的。但只有正确应用叶面施肥技术，才能充分发挥叶面肥的增产、增收作用。

第四节　整形修剪技术

整形修剪含义包括修整树形和剪截枝梢两个部分。整形修剪是按照设计的树形要求，采用控制和调节枝梢生长的各项技术措施，将柑橘植株培养成优质、丰产、稳产一致的树形。整形修剪是柑橘果树从幼苗至衰老更新中，始终实施的一项重要技术措施。

一、柑橘的自然开心形整形

柑橘的自然开心形如图3-12所示。

1. 主干

高 20~30cm。

2. 主枝

在主干上配置3个主枝后，剪除中心主干。主枝与中心主干的夹角 30°~45°，斜生向外延伸，形成中空的开心形。

3. 副主枝

主枝两侧均匀配置 3~4 个副主枝，以填补主枝的空间，副

图3-12　自然开心形

主枝间的距离为 25cm 左右，并相互错开排列。副主枝与主枝间的夹角为 60°~70°。

4. 侧枝和枝组

在主枝、副主枝上均匀培育若干侧枝和枝组。

二、柑橘的主要修剪方法

（一）短截

将一年生枝条剪去一部分，保留基部一段的修剪方式称短截。短截能刺激剪口芽以下 2~3 个芽萌发出健壮强枝，促进分枝，降低分枝高度，有利于树体营养生长。整形中的短截应根据树形对骨干枝的数量、部位的要求和幼树生长的实际情况，采取不同程度的短截处理。

（二）疏剪

对 1~3 年生的枝条从基部全部剪除的称疏剪，疏剪是修剪的主要方法。剪除过多的密枝、弱枝、丛生枝、病虫枝、徒长枝。疏剪减少了枝梢的数量，改善了留树枝梢的光照和养分供应，促其生长健壮，开花结果多而丰产，也减少了病虫为害，疏剪是目前主要的修剪方法。

（三）摘心

在新梢停止生长前，按整形要求的长度，摘除新梢先端部分，并保留需要的长度，称摘心。其作用与短截相似。摘心能限制新梢伸长生长，促进枝梢增粗和充实。

（四）拉枝

幼树整形期，采用绳索牵引拉枝，竹竿、木杆支撑和石块等重物吊枝的方法，将植株主枝、侧枝改变生长方向和长势，以适应整形对方位角和大枝夹角的要求，调节骨干枝的分布和长势。拉枝是柑橘整形中培育主枝、侧枝等骨干枝常用的有效方法。

（五）回缩

回缩指剪除多年生枝组的先端部分。常用于大枝顶端衰退或树冠外密内空的成年树和衰退老树，以更新树冠大枝。密植柑橘园树冠封行交接后，也常用回缩修剪，回缩也是修剪的主要方法。

（六）抹芽

在夏、秋梢抽生至 1~2cm 长时，将顶芽抹除，称抹芽。抹芽的作用与疏剪相似。主芽抹除后，可刺激副芽和附近芽萌发，抽出较多的新梢，称抹芽放梢。

（七）疏梢

新梢抽生后，疏去位置不当的、过多的、密弱的或生长过强的嫩梢，称疏梢。疏梢能调节树冠生长与结果的比例，使树冠枝、叶、花、果分布均匀，提高坐果率。

（八）环割

用刀割断大枝或侧枝的韧皮部一圈或数圈，称环割。环割可起到暂时中断养分下送的作用，促使花芽分化和幼果发育，提高坐果率。环割主要用于旺长幼树或不开花的壮树，也适用于徒长性枝条。

第五节　花果管理技术

柑橘的花果管理技术主要包括保花保果技术、疏花疏果技术、防治裂果技术等方面。

一、保花保果技术

柑橘开花多，着果少。柑橘所开的花，绝大部分在开花期和果实发育过程中脱落，其坐果率一般仅 1%～5%。柑橘落花落果有一定的规律，除花蕾发育不全的弱花、畸形花在花期大量脱落外，幼果由于生理原因而脱落。柑橘保花保果要采取如下措施。

1. 合理施肥与修剪

通过合理施肥形成健康树体，旺长树春季要控制氮肥的施用，春季施氮肥过多，容易促发大量夏梢，夏梢发生量大造成严重落果。要认真修剪，协调叶果比。开春后萌芽前，进行全面修剪。推行矮干、自然开心形的整形和"剔大枝、开天窗"改造郁闭园的大枝修剪技术，扩大树冠表面积，增加受光量，要控制好夏梢的生长，减少果梢矛盾，提高坐果率。

2. 激素保果

常用赤霉素+细胞激动素（GA+BA），也可单用赤霉素保果，一般在花谢 3/4 时和第二次生理落果前喷施。做到尽量喷幼果，少喷叶片。

3. 喷施微肥保果

花蕾期和幼果期可喷硼、锌、磷酸二氢钾等叶面肥保花保果。

4. 及时防治病虫害

蕾期、花期和幼果期病虫害较多，主要有红蜘蛛、花蕾蛆、叶甲、蓟马、黄胸甲、褐斑病、溃疡病等，要及时防治，不然会造成大量落果。

二、疏果技术

要在修剪减少花量的基础上，在花前疏除弱花、畸形花，开花前一周喷施营养液，以提高花的质量。要加强人工疏果，可在 7 月上旬生理落果停止后至 9 月分期进行人工疏果，第一次疏去小果、病虫果、机械损伤果、畸形果；第二次疏去偏小或密集果实，椪柑可按70~80 片叶留一个果进行留果，使树体合理挂果，提高品质。克服大小年，一般盛果期果园挂果 2 000~2 500kg/亩为宜。

三、防治裂果技术

（一）发生症状及规律

1. 发生症状

柑橘裂果的时间一般开始于每年 6 月中旬，结束时间约为 11 月上旬。

2. 发生规律

柑橘上发生裂果现象有一定的规律性。一般在柑橘抽春梢时遇到干旱，则秋季发生裂果的概率就会增大，如果能够及时进行灌溉，则裂果的比例就会降低。对于一些根系长势差的柑橘树，一般易发生裂果。选择种植柑橘品种不同，一般发生生理性裂果的概率也有一定的差异，一般生理性裂果受到果皮结构、细胞分裂期持续时间的影响较大。对于果皮薄、细胞的分裂期持续时间短、细胞之间有较大间隙的柑橘品种，则发生裂果的概率增加。柑橘园的条件也与裂果发生有一定的关系，对于土质黏重、有机质含量低、灌溉条件不好、容易积水的地块上，发生裂果的概率较大。授粉的充分与否以及授粉后的发育情况也会影响生理性裂果的发生。

（二）防治措施

1. 合理灌水，科学施肥

对土壤中的水分进行调节，可以有效地防治裂果。在建园时选择的土壤类型以砂质土为最佳。若选择用于建园的地块沟渠建设情况不完善，不能及时排水，则在建园前要对其进行改良，不仅要使土壤中的保水能力提高，还要确保排水的性能。若果园经受较长时间的干旱，要每隔几天进行灌水，可采取开沟深灌的方式，也可采取机械喷灌的方式等，可以降低裂果率，效果明显。在柑橘果实进入成熟期，要保证水分的供应均衡，不可一次性过量浇水，防止土壤中的水分含量出现较大幅度的变化，确保柑橘果皮与果肉的生长保持一致。柑橘生长发育过程中肥料施用不当，致使养分及水分供应的不充足，土壤中柑橘生长必需的某种元素缺乏，造成果实不能很好地发育，成熟前发生裂果现象。由此可知，缺素可以导致柑橘发生裂果，如柑橘生长过程中，钙、锌、锰、磷等元素含量不足时，易发生裂果现象；氮、镁、钾、硼等元素缺乏或者过量，会增加裂果的发生概率，如柑橘在生长的后期，如果镁缺乏或者氮、钾、硼的施用量过多，导致裂果发生较多。因此要采用科学的施肥方法，适当增加有机肥的用量。钙、钾对果皮的发育有利，可使果皮的厚度增加，提高其抗裂性能，降低裂果的发生概率，因此要结合土壤中的养分情况适量施入钙肥和钾肥。

2. 合理保果，进行异花授粉

做好保果，增加坐果量，增大基数，保果时用 GA 也可减轻裂果。如果柑橘果实裂果的类型属于内裂，则可采取异花授粉的方式，保证种子的正常发育，产生赤霉素等激素，调节果实的发育，降低裂果的概率。此种方式的缺点为产生的种子数量多，不利于果品质量的提高。套袋技术可对柑橘的果皮细胞壁的代谢产生一定的抑制效果，保证果皮的稳定发育。且对于一些即将裂开的果实，套袋可以防止水分进入，保障果实正常发育，以免发生裂果现象。

第四章 主要病虫害防治技术

第一节 主要种类

病害（不含病毒病）有：柑橘溃疡病、褐斑病、黑点病（柑橘树脂病）、黑斑病（黑星病）、脂点黄斑病、炭疽病、疮痂病、煤烟病等。

虫害有：红蜘蛛、黄蜘蛛、矢尖蚧、红蜡蚧、褐圆蚧、糠片蚧、黑点蚧、粉虱、潜叶蛾、锈壁虱、大实蝇、小实蝇、橘蚜花蕾蛆、凤蝶、恶性叶甲、潜叶甲、吉丁虫、吸果夜蛾、角肩蝽、天牛类（星天牛、褐天牛、光盾绿天牛）等。

第二节 常见病虫害防治措施

一、疮痂病

春梢开始萌发时和谢花3/4时为重点防治时期，药剂可选用可杀得、石灰多量式波尔多液、代森锰锌、绿乳铜等。

二、炭疽病

增施钾肥，增强树势，加强低洼地排水，注意8—10月防治果梗炭疽，药剂可选用代森铵、代森锰锌、大生-M45、甲基托布津、多菌灵等。

三、红蜘蛛

要压低虫口基数，重点在3—5月和9—10月进行防治，药剂可选用尼索朗、四螨嗪、伏螨郎、阿维螨清、哒螨灵、克螨特等。

四、蚧壳虫

注意越冬清园，重点抓住5月中下旬第一代幼蚧高峰期防治，药剂可选用乐斯本、机油乳剂、优乐得、松碱合剂等。

五、锈壁虱

重点掌握7月下旬至8月上旬进行防治，药剂可选用丁硫克百威、大生–M45、三唑锡等。

六、潜叶蛾

注意夏秋梢的抹芽放梢，在夏秋梢放梢后抽出0.5~1cm时，间隔4~5d，连续用药2~3次，药剂可选用高效氯氰菊酯、来福灵、敌杀死、万灵、抑太保、杀虫双等。

七、粉虱类

重点掌握两个防治时期，一是2月中旬，用机油乳剂加有机磷农药杀灭越冬成虫（可兼治介壳虫）；二是加强4月下旬至5月上旬的第一代防治，并随时注意4—10月各代低龄幼虫的防治，药剂可选用机油乳剂、定虫脒、乐斯本、敌敌畏、松碱合剂等。

第三节　几种重点病害的防治

一、溃疡病的防治（病原属于细菌）

溃疡病（图4-1）主要从气孔和伤口入侵。该病为检疫性病害。

图4-1　柑橘溃疡病

（一）溃疡病发生传播规律

1. 气候环境条件

高温潮湿是发病的优越条件，溃疡病主要为害夏梢和秋梢。

2. 伤口

是溃疡病侵染的主要渠道台风区、风口溃疡病为害严重，潜叶蛾、红黄蜘蛛等为害叶片均给溃疡病提供侵染途径。

3. 溃疡病是细菌

可以通过化学药剂将其杀灭。

（二）溃疡病防治

1. 严格执行植物检疫

严禁带病苗木、接穗和果实传入无病区，一旦发现应立即彻底烧毁。

2. 建立无病苗区，培育无病苗木

选择较隔离的地方作苗圃，种子和接穗严禁从病区调入。

3. 在病区应经常检查

剪除有病枝叶，清除地面枯枝落叶，以消灭病原。在生长期喷药保护，苗木和幼树在春、夏和秋梢萌发后20d和30d各喷药1次。结果树应在开花前和谢花后及夏、秋梢抽发后各喷药1次。预防的药物可选用20%龙克菌SC500~700倍液、6 000单位/mL的农用链霉素加1%酒精、77%可杀得可湿性粉剂300倍液、氧氯化铜胶悬剂400倍液等。治疗药物可选用克菌特700倍液和菌普克1 000~1 500倍液。另外，噻唑锌、波尔多液对溃疡病效果良好。

二、褐斑病的防治

柑橘褐斑病（图4-2）为真菌性病害，春秋两季都会发病，病原菌为交链隔孢菌（*Alternaria alternata*），病菌能感染幼叶、新梢和果实（含幼果、生长期果实、转色期果实）。防治方法如下。

图4-2 柑橘褐斑病

1. 清洁果园，修剪病枝

在柑橘春梢萌芽前（即2月底前），结合冬、春季修剪剪除病枝病叶，并收集烧毁，减少病菌初侵染来源。修剪后要求喷施一次0.5~1波美度的石硫合剂。

2. 清理排水沟

针对隐蔽湿度大的果园，要求果农修整沟渠，降低水位，通过深沟排水措施来降低园区内湿度，改变有利于病原菌的生长环境。

3. 加强树体管理

褐斑病病原菌易感染柑橘幼嫩组织，偏施氮肥的果园由于氮肥促进幼嫩组织的生长而发病较重。因此，要求果农避免偏施氮肥，增施磷、钾肥以增强树势，提高抗病力。

4. 药剂防治

重点在花蕾期、谢花期、幼果期。7—9月高温季节不易发生，9月后气温下降，可防治1~2次。药剂可选用波尔多液及铜制剂类、戊唑醇、克菌丹、醚菌酯、本醚甲环唑等，要交替使用。

三、树脂病的防治

柑橘树脂病（图4-3）为害柑橘的枝干、叶片和果实。在枝干上

发生的称树脂病，在叶片上和幼果期发生的称沙皮病，贮运期间果实上发生的称褐色蒂腐病。该病在枝干上发生后会影响树势，降低产量，严重时引起整株枯死；在枝、叶和幼果上发生后则抑制枝梢、叶片和幼果的生长，并降低了果实的品质；在贮运期发病则引起果实腐烂，造成很大损失。

图4-3　柑橘树脂病

该病菌是一种弱寄生菌，生长衰弱或受伤的柑橘树病原菌容易侵入为害。因此，柑橘树遭受冻害造成的冻伤和其他伤口，是

本病发生流行的首要条件。如上年低温使树干冻伤，往往次年温湿度适合时病害就可能大量发生。此外，多雨季节也常常造成树脂病大发生。

不良的栽培管理，特别是肥料不足或施用不及时，偏施氮肥，土壤保水性或排水性差，各种病虫为害和阳光灼伤等造成树势衰弱等，都容易引致此病的发生。该病的发生与柑橘树的树龄也有一定关系，老树和成年树发病较多，幼树发病少。防治方法如下。

1. 加强栽培管理，增强树势，提高抗病能力

冬季剪除纤弱枝和过于密闭的交叉枝、病虫枯枝，使柑园通风透光，并减少越冬菌源。注意防寒防冻。

2. 病树治疗

每年春暖后要注意检查病株，对病树要及早彻底刮除病部，并将病、健交界处的黄褐色菌带刮除，暴露1~2d后，涂以波尔多液（用0.5~1kg硫酸铜、1kg生石灰和10~15kg水配制而成）。

3. 嫩梢、叶、果上沙皮病的防治

于春梢萌发前、落花2/3时以及幼果期，结合疮痂病的防治，保护嫩梢、幼叶和幼果，药剂可选用波尔多液及代森锰锌等。

四、红蜘蛛的防治

1. 农业防治

冬季彻底清园，结合修剪，剪除枯枝、残叶和受潜叶蛾为害的僵叶卷叶，集中烧毁，减少越冬虫源。夏秋高温干旱期及时灌水抗旱或叶面喷水，降温提高湿度，果园地面生草覆盖，改善生态环境也可减轻为害。加强栽培管理，增强树势，提高抗虫能力。

2. 生物防治

20世纪50年代以前，红蜘蛛（图4-4）受天敌控制为害并不严重。五六十年代以后，由于不合理地使用滴滴涕有机磷等农药，柑橘园生态体系的平衡遭到严重破坏，使红蜘蛛的为害加重，80年代以来，又大量使用拟除虫菊酯农药，其结果红蜘蛛为害更重。到目前为止已经发现柑橘红蜘蛛的天敌种类很多，其中具有一定控制效果的天敌就有捕食螨约20种，食螨瓢虫10多种，蓟马2种，草蛉4种。另

外，还有粉蛉、红螨蝇、叩头甲，方头甲、隐翅虫、食螨瘿纹、虫生藻菌、芽枝霉菌、多毛菌及某些病毒等。上述天敌一般在红蜘蛛发生高峰之后的高温期才能加快繁殖，起控制作用。因此，在4—5月的第一次发生高峰期前，目前还不能完全不用化学农药，但在5月以后，就不要轻易施用农药，以免杀伤天敌。在条件允许的情况下，如能合理用药，采取生态栽培，保留柑橘园内和园边杂草，保护自然存在的天敌，一般可以减轻柑橘红蜘蛛的为害。应该提倡柑橘园内人工种植藿香蓟等绿肥杂草，既是夏季的植被覆盖，降低温度，提高相对湿度，改善橘园生态环境，又为天敌补充食料，有利于捕食螨等天敌的栖息繁殖。当藿香蓟叶片上达到一定数量的捕食螨时，可以割下一部分茎叶悬挂在橘树上，能很快控制住红蜘蛛的数量。

图4-4　柑橘红蜘蛛

3. 药剂防治

春梢抽发前，选3~5株树，每7~10d调查一次，每次每株查20张叶片（东西南北向各5张），当螨、卵达100头/100叶则应喷药，花后达500头（红蜘蛛）/100叶时喷药。目前防治红蜘蛛的药剂主要有：5%尼索朗1 000~1 500倍液；20%螨危或20%螺螨脂3 000~6 000倍液。10%四螨嗪可性粉剂1 000~2 000倍液；73%克螨特乳油3 000倍液；50%托尔克（苯丁锡）、20%三唑锡可湿性粉剂2 500~3 000倍液；20%哒螨酮（又名速螨酮）可湿性粉剂3 000~5 000倍液，或15%扫螨净乳2 500~3 000倍液等。

五、锈壁虱的防治

柑橘锈壁虱如图 4-5 所示。

图 4-5　柑橘锈壁虱

1. 生物防治

喷汤普森多毛菌粉，但要保持橘园一定湿度。下午 4 时以后喷粉或雨后喷粉，效果较好。为保护天敌，应少喷铜制剂等杀菌剂。

2. 化学防治

7 月中旬以后注意检查，发现一张叶有虫 3 头，一个果实有虫 5 头时或当虫口密度达到每视野 2~3 头，或当有螨叶率达到 20%~30%，或开始出现"灰果"和黑皮果时应立即喷药防治。药剂可选用 20%丁硫克百威、73%克螨特、50%托尔克或 80%代森锰锌等；叶背和果实的阴暗面应周密喷施。

3. 其他

夏秋干旱季节，浇水抗旱，增施有机肥，改善橘园小气候，可减轻为害。

六、大实蝇的防治

柑橘大实蝇如图 4-6 所示。

1. 冬季清园翻耕，消灭越冬蛹

结合冬季修剪清园、翻耕施肥，消灭地表 10~15cm 耕作层的部分越冬蛹。

2. 地面施药，封杀成虫出土

以蛹在 3cm 深以内的土壤中越冬。5 月中下旬为羽化出土盛期；

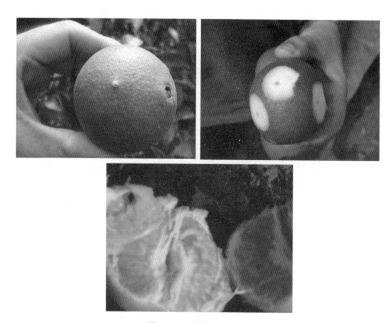

图4-6 柑橘大实蝇

5月中下旬，成虫羽化出土时，每亩用80%的敌敌畏乳油1 500倍液喷施橘园地面，每隔7~10d喷施1次，连喷2次杀成虫。消灭出土成虫。

3. 诱杀成虫

利用柑橘大实蝇成虫产卵前有取食补充营养（趋糖性）的生活习性，可用挂诱杀球、喷施果瑞特及糖酒醋敌百虫液或敌百虫糖液制成诱剂诱杀成虫，挂诱杀球、喷施果瑞特效果良好。

4. 摘除蛆果，杀死幼虫

8月下旬至9月下旬，摘除未熟先黄、黄中带红的蛆果，每隔5d摘除1次。10月中下旬至11月中旬，在蛆果落果盛期应每天拾落地果1次，并将蛆果火烧或水煮，或挖45cm深的土坑将其进行深埋，以防止老熟幼虫入土化蛹。

5. 断绝虫源

一是摘除青果：在柑橘树比较分散，柑橘大实蝇发生为害严重的地方，在7—8月将所有的柑橘青果全部摘光，使果实中的幼虫不能发育成熟，达到断代的目的。二是砍树断代：对柑橘种植十分分散、品种老化、品质低劣的区域，可以采取砍一株老树补栽一株良种柑橘苗的办法进行换代。在摘除青果和砍树断代的地方，不需要用药液诱杀成虫。

6. 开展统防统治

联防是防治柑橘大实蝇的关键，要全面实行联防群治，即凡是需要进行防治的区域，平面相距1km的相邻柑橘种植区，都要统一动员农户捡净落地果、集中深埋、喷药或悬挂药液诱杀、以及用药封土毒杀、冬季翻土凉冻等。其中的"捡净落地果、集中深埋"则是防控柑橘大实蝇的最经济、有效措施，应广泛宣传、应用，并要持续进行2~3年。

柑橘病虫害综合防治如表4-1所示。

表4-1 柑橘病虫害综合防治一览

月份	物候期	内容
1—2	花芽分化期	①挖园：有大果实蝇的果园，要及时挖园，翻出越冬虫卵。无大果实蝇的果园可不挖园或间隔2~3年挖一次。②喷一次10~12倍松碱合剂（或溶杀介螨），防治越冬蚧类、粉虱类
3	春梢萌发期	下旬发芽30%时，喷药防治疮痂病和红黄蜘蛛，防治疮痂病药剂可选用可杀得、疮炭煤烟净、代森锰锌、必得利、大生M-45、多菌灵等。防治红黄蜘蛛的药剂可选用尼索朗、四螨螓、螨危等杀卵剂
4	春梢萌发现蕾开花	①花蕾蛆：当50%花蕾现白时，树冠喷施80%敌敌畏1 000倍液；在花蕾被害不多的情况下，及早摘除被害花蕾。②叶甲类：清除地衣、苔藓和杂草，发生较多的果园在越冬成虫恢复活动盛期和产卵高峰期用80%敌敌畏乳剂1 000倍或5%高效氯氰菊酯3 000倍喷施。③柑橘粉虱：为害较重果园在中下旬喷施5%定虫脒、3%农家盼或3%芽终乳油1 000~2 000倍。④芽虫类：用10%吡虫啉进行挑治
5	花期幼果形成生理落果	①谢花后及时喷药防治疮痂病、炭疽病、砂皮病等和红黄蜘蛛。②中下旬喷药防治蚧类，药剂可选用阿克泰水分散、乐斯本、优乐得等与100倍机油乳剂混用。③注意橘蚜、金龟子、凤蝶、卷叶蛾、黄斑病等其他病虫的防治。④大实蝇挂球、喷药防治

（续表）

月份	物候期	内容
6	夏梢萌发生长 生理落果幼果 生长	①螨类为害严重的果园需再次喷药。②幼树放梢，芽米粒长时喷施5%高效氯氰菊酯、5%来福灵、2.5%敌杀死、5%宝功、5%抑太保等防治潜叶蛾。③注意砂皮病、黑星病、疮痂病、炭疽病、大实蝇、天牛、吉丁虫、凤蝶、白蛾蜡蝉和眼纹广翅蜡蝉等病虫害的防治
7	夏梢生长果实 膨大	①中旬注意介壳虫防治。②下旬注意锈壁虱的防治，药剂可选用好氨威、大生M-45、三唑锡等。③秋梢米粒长时，保护嫩梢，防治潜叶蛾，药剂可选用高效氯氰菊酯、敌杀死、宝功、抑太保等。④注意大实蝇、天牛、介壳虫、粉虱类、凤蝶、小造桥虫、白蛾蜡蝉和眼纹广翅蜡蝉等病虫害的防治
8	秋梢抽发生长 果实膨大	①中下旬注意锈壁虱的防治，药剂可选用好氨威、大生M-45。②幼树秋梢米粒长时，保护嫩梢，防治潜叶蛾，药剂可选用5%来福灵、2.5%敌杀死、2%宝功、5%抑太保等。③注意大实蝇、粉虱类、橘芽、炭疽病、凤蝶、白蛾蜡蝉和眼纹广翅蜡蝉等病虫害的防治
9	秋梢老熟果实 膨大	①螨类、炭疽病：药剂可选用炔螨特、哒螨灵、四螨嗪、螨危等加大生M-45或必得利。②蜡类：药剂可用80%敌敌畏乳油700~1 000倍。③大实蝇、食心虫类：重点尽早摘除树上虫果，捡拾地上病虫果，集中处理。④介壳虫、粉虱类：发生较重的果园需用药剂防治，可选用阿克泰水分散、蚜终等
10	果实膨大着色	①螨类、炭疽病：药剂可选用炔螨特、哒螨灵、四螨嗪等加大生M-45或必得利。②蜡类：药剂可用80%敌敌畏乳油700~1 000倍。③大实蝇、食心虫类：重点尽早摘除树上虫果，捡拾地上病虫果，集中处理
11	果实膨大成熟 花芽分化	①抹除晚秋梢。②捡拾地上病虫果，集中处理
12	花芽分化	①采果后一星期喷施20mg/kg 2,4-D及喷施波美0.6~1度石硫合剂进行清园。②树干涂白。③冬季修剪。④挖园

第五章 采收、贮藏及加工技术

第一节 采收技术

一、适时采果

本地椪柑一般在 11 月下旬至 12 月上旬采收，纽荷尔脐橙在 11 月 18 日至 12 月 15 日采收较好。

二、采收方法

采收当日，若有雨、水、雾，则需待树上无水时才能采摘。采摘人员须剪齐指甲或戴上手套，以免伤害果实。不要随便攀枝拉果，因拉果易使果从果蒂处腐烂。严格采用采果剪采果，应用两剪法，第一剪离果蒂 1~2cm 处剪下，第二次齐果蒂处剪平。果筐内须放柔软物，防止伤及果实。剪果顺序，先下后上，先外后内。轻拿轻放，落地果和伤果应选出。采收后的果实不应受到日晒和雨淋。

三、分级

将果实按大小及质量分成若干等级，即称为分级。果实分级是包装、贮运或销售前的重要环节，通过分级，不仅可将腐烂果、伤残果、畸形果和病虫果剔除，保证果实的商品质量，而且可使同级果实大小整齐，外形美观，便于包装、贮存、计重和销售。

果实外观质量是根据果实的形状、果面色泽、果面有无机械损伤及病虫为害等标准，进行分级。果实大小是根据国家（或地方）所规定的果实横径大小标准，进行分级。

分组（级）板分级和打蜡分级机分级，分组（级）板分级是我国柑橘人工分级的常用工具，打蜡分级机一般由提升传送带、洗涤、打蜡抛光、烘干箱、选果台、分级装箱等几个部分组成。其全部工艺流程如下：原料→漂洗→清洁剂洗刷→清水淋洗→擦洗（干）→涂蜡（或喷涂杀菌剂）→抛光→烘干→选果→分级→装箱→封箱→成品。

第二节　贮藏技术

一、药剂防腐保鲜处理

在果实贮藏期间，可发生侵染性病害如柑橘青霉病、绿霉病、蒂腐病（褐色蒂腐病、黑色蒂腐病）、炭疽病、褐腐病、软腐病、黑腐病、酸腐病等。

采取药剂浸果方法防腐保鲜，简便易行。适用浸果防腐药剂可选用25%戴唑霉（万利得）1 000倍液，或45%扑霉灵1 200倍液，或25%施保克（咪鲜胺）800~1 000倍液，40%百可得1 000倍液等，根据柑橘品种、贮藏期长短及药源选择使用（贮藏期超过3个月以上，可采用戴唑霉+扑霉灵或施保克+百可得混用）。保鲜可用2, 4-D处理，浓度100~200mg/kg。采摘的橘果应立即进行药剂浸果处理（一般在1d内完成，最迟不超过2d），浸果1min，晾干后贮藏。

二、柑橘的预贮

1. 预贮的目的

柑橘果实在采收以后包装之前必须预先进行短期贮藏，称为预贮。预贮有预冷散热、蒸发失水、愈伤防病等作用，可防止温州蜜柑、红橘、朱红橘、本地早、椪柑、南丰蜜橘等宽皮橘类的浮皮皱缩，甜橙的"干疤"等生理病害。

2. 预贮的方法

将采收后经药液处理的柑橘果实，原筐叠码在阴凉处。最理想的预贮温度为7℃，相对湿度为75%。可以在预贮室内安装机械冷却通风装置，加速降温降湿，缩短预贮时间，提高预贮效果。

3. 预贮的时间

通常柑橘果实以预贮2~5d失水3%~5%，手握果皮略有弹性为宜，但品种和果实质量不同预贮时间也不一致。一般橙类预贮2~3d失水3%以内即可，宽度柑橘类以预贮3~5d失水3%~5%为好。但阴雨天采收的饱水果顶贮时间应相应拉长，以防入库后容易产生生理病害，增加腐烂。

三、贮藏的方式

（一）田间简易贮藏法

1. 搭建简易贮藏库

应选择在地势平坦，排水良好的地方搭建，贮藏库的样式和一般建筑工棚相似，长度一般在10~20m，跨度一般在5~8m，高度在2~2.5m，跨度大于5m时，一般应搭建"人"字形棚，"人"字形棚的房顶用石棉瓦或者油毛毡覆盖，四周可以临时用水泥砖或油布封闭，最好用塑料泡沫、草帘、秸草秆等隔热。每隔5m左右留一通风口（活口），以方便进出和通风换气，库房四周开好排水沟，库底每3~5m可挖一个进气口。库底用稻草、松针等作铺垫材料。

2. 库房消毒

果实入库前2周，用硫黄加木屑混合点燃，密封3~4d，或用50%福尔马林喷洒，密封7d灭菌，然后适当通风换气，待无气味后关闭，贮藏库的大小可以根据柑橘产量来决定，一般每平方米库房可以贮藏果实150~250kg。

（二）普通仓库和民房贮藏

通风良好、不晒、不漏雨、果堆不受到阳光的直射和具有良好的保温、保湿能力，这是库房选择的基本条件。且柑橘入库前两周，应用硫黄粉密封熏烤24h或用4%的漂白粉喷洒，对库房进行杀虫灭菌及防鼠害处理，然后开窗换气，备用。

（三）自然通风库贮藏

自然通风库是通风库中使用最早、分布最广的一种库型。主要利用昼夜温差与室内外温差，通过开、关通风窗，靠自然通风换气的方法，导入外界冷源，调节库内温湿度。库内温度的稳定程度与库房结构有关。

1. 自然通风库的建造和库房结构

库址应选在交通方便、四周开阔，附近没有刺激性气体源的地方，库房大小视贮量多少而定，一般每平方米面积能贮果300kg左右，每间库房的面积不宜过大，以贮藏0.5万~1万kg为宜，这样的库房有利温、湿度稳定。库房不能过宽，以7~10m为宜，长度不限，库高 5m 左右，库内最好能进拖拉机和微型车。

2. 库房保温系统

自然通风库实际上是常温库，库内的温度受外界气温的影响，频繁的变温对柑橘果实贮藏有害，最好每天温度变化不超过 0.5~1℃。通风库一般都采用双砖墙，墙厚 50cm，中间留 20~30cm 的隔热层，其内填充隔热材料如炉渣、谷壳、锯木屑等，也有直接用空气隔热。库顶设有天花板，其上铺 30~40cm 厚的稻草，库内安装双层套门，内填锯木屑，避免阳光直射。

3. 通风系统

通风系统由地下进风道、屋檐通风窗、接近地面通风窗，屋顶抽风道组成，地下进风道的道口宜朝北，并呈喇叭状，另一头通至库内。在屋檐下每隔 5~6m 设一通风窗，屋顶每隔 3~4m 设一抽风道，延伸出屋脊。每个抽风道、通风窗口均需安装一层铁丝网，防止鼠类等入库为害。

（四）改良通风库

在自然通风库的基础上，着重对通风方式和排风系统作了改进，改良通风库的结构特点：在库顶抽风道内增设排风扇，由自然通风改为机械强制通风，提高了通风降温效果。增加了地下进风道，由原来一条改为二条设置在货架下面，同时增加地面进风口，使进入的冷风直接在果堆中通过，更有利降温。封闭接近地面的通风窗，增加墙体隔热性。进风地道口增设插板风门，通过调节风门大小，控制通风量，同时阻止外界热、寒风进库。库顶由原来平顶改成人字顶，减少通风阻力，避免形成死角。改良通风库采用自然通风和机械通风相结合的通风方式，克服了自然通风库受外界风量限制的不利影响，从而使库内通风量增大且均匀，库内温、湿度稳定，尤其是在预贮期和 3 月后库温升高时，库内温、湿度控制的效果更为明显，大部分贮藏时间，温差变化范保持在 0.5℃以内，相对湿度稳定在 90% 左右，贮藏效果优于自然通风库。

（五）控温通风库

改良通风库虽然能在 3 月后气温升高时使库内温度有所下降，但不易控制到果实贮藏需要的适宜温度，因而 3 月中旬后腐烂明显增加，贮期不能延长到 4 月以后，如果要进一步改善库房温、湿度条件，将 3 月后的库温控制在适于贮藏的范围内，使贮藏继续延长至 5 月以后，就需要建造控温通风库。控温通风库主要是在改良通风库的基础上增加制冷增湿装置，制冷增湿装置由冷源、冷风柜及通风设施组成。

四、果实内包装方式

经药物处理预贮分级后的柑橘果实可正式进入贮藏库进行贮藏，一般为保持果实新鲜和湿度，可对果实进行以下内包装处理。

1. 专用塑料薄膜单果包装处理

塑料薄膜单果包装贮藏可保证果实贮藏的湿度需要，既可防止水分蒸发，保持柑橘新鲜饱满的外观，又可避免病菌的交叉感染，减少果实腐烂，延长果实的贮藏寿命。

2. 保鲜纸单果包装处理

有增湿防治果实交叉感染的作用，成本较高，一般高档果实采用较多。

3. 多果塑料薄膜袋装处理

保鲜效果没有单果包装处理好，容易交叉感病，目前适用小果型果实保鲜（如南丰蜜橘、砂糖橘）。

4. 精品袋单果包装

袋较厚，需进行打孔处理，成本高。大型果品公司应用较多。

5. 打蜡处理

其优点，柑橘果实打蜡后，在果实表面形成一层膜，主要作用如下：一是增加光泽，改善外观；二是减少水分蒸发，使果实保持新鲜；三是阻碍果实内外气体交换（降氧），降低呼吸作用，减少营养物质的消耗和品质下降；四是造成果实内适量二氧化碳的积累，减少和抑制乙烯的产生，降低呼吸作用；五是可减少病原微生物的侵染。其缺点，一是贮藏时间一旦过长，导致果实无氧呼吸增加，可能会使果实品质变劣，并产生异味。因此，一般只对短期贮藏的果实进行打蜡处理，更多的是在贮藏之后、上市之前进行处理；二是质量差的果蜡有可能对果实造成二次污染；三是成本较高。

五、果实贮藏的外包装和堆码方式

1. 塑料箱贮藏包装

是本地常用的贮藏包装方式，有原塑箱和再生料箱两种，原塑箱质量好，可重复多年使用，再生料箱只能使用 2~3 年，也是目前主要的贮藏包装方式，单个容量为 2.5~25kg，也可以用作运输包装、销售包装。按"品"字形码放。根据库型条件，每堆宽 3~4m，长不限，堆间留 50cm 宽的通道，四周与墙壁保留 20cm 的距离，以利空气流通，操作管理。堆码高度依容器的耐压强度而定，但距离库顶棚必须留 60cm 的空间，一般每平方米存放 250~400kg。

2. 木箱或竹筐贮藏包装

也是常用的贮藏包装方式，单个容量为 15~50kg，结实耐用，可重复 2~3 年或多年使用，消毒堆码方式同塑料箱贮藏包装。

3. 纸箱贮藏包装

包装果实的纸箱种类很多，有 1~2kg 的礼品箱（盒），有 5~25kg 的果箱。一般只使用 1 次，目前用作运输销售包装比较普遍。

4. 散装贮藏

经济条件较差的果农应用较多，优点是节省成本，缺点是库房贮果量少，容易压伤果实。先在地上均匀铺上 5~10cm 厚的松毛、柏枝或稻草，而后将果实排列其上，每 20cm 放一层松毛，总高度 70cm 左右，四周围上松毛，上层再盖上一层 5cm 左右的松毛，为了减轻自然失重，顶层可加盖一层薄膜（要注意 7~10d 揭一次），注意堆码时要留通风和人行过道。

六、消毒

入库前两周，库房进行消毒处理。常用的消毒方法有硫黄熏蒸，每立方米容积 10g 磨细的硫黄粉，因硫黄粉不易点燃，使用时可加适量氯酸钾作为助燃剂。按库房大小分成几堆，密闭熏蒸，也可用 40%福尔马林 1∶40 的浓度喷洒库房，密封 24h，然后打开窗户通风至库房完全无气味后关门备用。

七、果实贮藏期的管理

1. 第一阶段

入贮初期，应日夜打开所有通风窗，尽快降低库内温度，促进新伤愈合，及时检查取出早期烂果、伤果、脱蒂果。

2. 第二阶段

12月至翌年春节，气温较低，果实贮藏管理也较简单，仅需对贮藏量大的库房适当进行通风换气即可，当外界气温低于4℃时，要及时关闭门窗，堵塞通风口，加强室内防寒保暖，午间气温较高时应打开门窗通风换气。在气温低于0℃，此时须增加防寒措施，以防果实受冻。

3. 第三阶段

开春后，外界温度回升，库温随之升高，这时库房管理以降温为主，夜间开窗，引进冷风，日出前关闭门窗。在贮藏库内选若干点，每隔1~2d定点检查不同层次的果实有无病果发生，及时取出干蒂果、烂果、厚皮果。贮藏结束后，及时清理库房，打扫干净。果箱、覆盖用膜在高温炎热季节用清水洗，烈日晒，保存备用。

第三节　加工技术

柑橘加工业发达的巴西和美国的加工用果量分别占总产量的75%和70%，柑橘加工的主要产品是橙汁。

我国柑橘品质不高、品种结构不合理，宽皮柑橘占年产量的60%左右，而甜橙仅占30%左右，成熟期在11—12月的中熟品种偏多，早、晚熟品种少，加工用优良品种不足。我国加工用果总量仅占年产量的5%~8%，远低于巴西和美国的加工比例，且主要产品是橘瓣罐头和柑橘汁。目前主要加工产品有以下类型。

一、橘片罐头

橘片罐头是中国柑橘加工的主导产品，占柑橘加工量80%以上，是柑橘加工行业的一个传统出口产品，也是国际柑橘加工品市场上最有竞争力的产品。

二、浓缩汁和饮料

随着国家经济实力的增强和人民生活水平的提高，高品质的饮料不断涌现，尤其是富含矿物质、维生素和功能因子而具有很高营养价值的水果和蔬菜饮料。柑橘汁是采用柑橘类果实制取的果汁，其色泽鲜艳、营养丰富、口味与芳香宜人，是世界上最受欢迎、贸易量最大的果汁产品。按制汁原料的不同可分为甜橙汁、葡萄柚汁、柠檬汁、温州蜜柑汁等多种类型。

三、果酒与白兰地

随着人民生活水平的提高，酒类消费趋向安全、营养、保健，酒类市场出现多样化、低度化、营养化、绿色化趋势。高度烈酒和杂类酒消费开始下降，果酒、啤酒消费加速上升。柑橘酒是最有竞争潜力的果酒之一。

柑橘果酒营养丰富，含有人体需要的多种氨基酸、有机酸、果胶、糖类、维生素及矿物质，酒体清亮透明、无悬浮物、金黄色，具有和谐的柑橘香型，醇和适口，口味稍有柑橘酒特有的优雅苦感。柑橘白兰地加工技术上已到达国际先进水平，产品质量达到国内同类产品领先水平。这将对中国南方柑橘的产业结构调整和产业化发展起到积极的推动作用。

四、果醋与果醋饮料

果醋为典型生理碱性食品，保健功效显著优于粮食醋，以果代粮酿造果醋，不但可以节约粮食，而且可以充分利用水果资源，解决水果销路难的问题，还可增加农民收入。柑橘果醋营养丰富，内含10种以上有机酸，能有效地维持人体酸碱平衡、清除体内垃圾、调节体内代谢，具有很强的防癌抗癌作用；可预防高血压、高血脂、脑血栓、动脉硬化等多种疾病；具有促进血液循环、增强钙质吸收、提高人体免疫功能、延缓衰老、消除肌体疲劳、开胃消食、解酒保肝、防腐杀菌等功效。开发柑橘果醋对我国柑橘业的持续健康发展意义深远。

五、副产品的开发

与其他水果相比，柑橘具有可食部分少，橘皮和种子等废料多的特点。柑橘加工业产生的大量皮渣，仅作为动物饲料或肥料是不能完全消化的，这使资源没得到充分利用而堆积自腐，对生态环境造成巨大的影响。然而废弃物是可以利用的，如用于化学、染料、清漆和化妆品等领域，可开发果胶、香精油、膳食纤维、生育酚、类黄酮、柠檬苦素、酒精等产品。

参考文献

［1］ 何天富．柑橘学［M］．北京：中国农业出版社，1999．

［2］ 邓秀新．中国柑橘品种［M］．北京：中国农业出版社，2008．

［3］ 单杨．柑橘加工技术研究与产业化开发［J］．中国食品学报，2006．

编写：彭际淼　阳　灿　付文晶

黑猪产业

第一章 概 述

第一节 黑猪的起源

黑猪的起源

黑猪是由野猪驯化而来的。直到今天，有野猪出没的山区，在繁殖季节野猪常与家猪混群交配，并能产生正常后代，这是个明证。但是中国家猪起源于何种野猪，争论不已。

世界上野猪可以分为两大类：亚洲野猪（即印度野猪）和欧洲野猪。亚洲野猪从鼻尖到颊部有白色条纹，其泪骨短而低，呈正方形；欧洲野猪的泪骨呈长方形。而中国四川猪种的泪骨呈狭长形或三角形，恰恰符合欧洲野猪类型。根据更新世洞穴中出土的野猪骨骸化石资料作不完全统计，发现欧洲野猪分布很广，共有 15 个省（市、自治区），几乎东、西、南、北、中都有。进入到新石器时代出土的野猪骨骸材料，如陕西西安半坡、江西万年仙人洞、安阳殷圩、浙江嘉兴马家滨等遗址，经鉴定均属于欧洲野猪。我国已发现的野猪，就其分布、类型和驯化了的后裔，可归纳如下：华南野猪，台湾野猪，华北野猪，东北白胸野猪，矮野猪，乌苏里野猪，蒙古野猪，新疆野猪，均属于欧洲野猪的不同亚种。

人类驯化野猪的时代——新石器时代，迄今未发现欧洲野猪以外的任何野猪化石；今天所有野猪均系欧洲野猪的不同亚种，古今观点结合起来研究，可以证明中国家猪起源于欧洲野猪。

第二节 我国主要的黑猪品种

一、八眉猪（又称泾川猪、西猪，包括互助猪）

产地（或分布）：中心产区主要分布于甘肃、宁夏、陕西、青海、新疆、内蒙古等省（区）。

主要特性：头狭长，耳大下垂，额有纵行"八"字皱纹，故名"八眉"，分大八眉、二八眉和小伙猪 3 种类型，二八眉介于大八眉与小伙猪之间的中间型。被毛黑色。生长发育慢。大八眉成年公猪平均体重 104kg，母猪体重 80kg；二八眉公猪体重约 89kg，母猪体重约61kg；小伙猪公猪体重 81kg，母猪体重 56kg。公猪 10 月龄体重 40kg配种，母猪八月龄重 45kg 配种。产仔数头胎 6.4 头，3 胎以上 12头。肥育期日增重为 458g，瘦肉率为 43.2%，肌肉呈大理石条纹，肉嫩，味香。

二、黄淮海黑猪（包括淮猪、莱芜猪、深州猪、马身猪、河套大耳猪）

产地（或分布）：黄河中下游、淮河、海河流域，包括江苏北部、安徽北部、山东、山西、河南、河北、内蒙古等省（区）。

主要特性：包括淮河两岸的淮猪（江苏省的淮北猪、山猪、灶猪，安徽的定远猪、皖北猪，河南的淮南猪等）、河北的深州猪、山西的马身猪、山东的莱芜猪和内蒙古的河套大耳猪。以下介绍以淮猪为例。体型较大，耳大下垂超过鼻端，嘴筒长直，背腰平直狭窄，臀部倾斜，四肢结实有力，被毛黑色，皮厚毛粗密，冬季密生棕红色绒毛。淮猪成年公猪体重 140.6kg，母猪体重 114.9kg，头胎产仔 9~10头，经产仔 13 头，日增重为 251g。深州猪成年公猪体重为 150~200kg，母猪为 100~150kg，头胎产仔 10.1 头，经产仔 12.8 头，高水平营养日增重为 434g，屠宰率为 72.8%。马身猪成年公猪体重为121~154kg，母猪为 101~128kg，初产仔 10.5~11.4 头，经产仔 13.6头，肥育期日增重为 450g，瘦肉率为 40.9%。莱芜猪成年公猪体重为 108.9kg，母猪 138.3kg，初产仔 10.4 头，经产仔 13.4 头，肥育期日增重为 359g，屠宰率为 70.2%。河套大耳猪：成年公猪体重149.1kg，母猪为 103kg，初产 8~9 头，经产仔 10 头，肥育期日增重为 325g，屠宰率为 67.3%，瘦肉率为 44.3%。

三、宁乡猪（又称草冲猪或流沙河猪）

产地（或分布）：湖南省宁乡县。

主要特性：体型中等，头中等大小，额部有形状和深浅不一的横行皱纹、耳较小、下垂，颈粗短，有垂肉，背腰宽，背线多凹陷，肋骨拱曲，腹大下垂，四肢粗短，大腿欠丰满，多卧系，撒蹄，群众称"猴子脚板"，被毛为黑白花。按头型分 3 种类型：狮子头、福字头、阉鸡头。平均排卵 17 枚，3 胎以上产仔 10 头。肥育期日增重为368g，饲料利用率较高，体重 75~80kg 时屠宰为宜，屠宰率为 70%，膘厚 4.6cm，眼肌面积 18.42cm^2，瘦肉率为 34.7%。

四、湘西黑猪（包括桃源黑猪、浦市黑猪、大合坪猪）

产地（或分布）：湖南省沅江中下游两岸。

主要特性：体质结实，分长头型和短头型，额部有深浅不一的"介"字形或"八"字形皱纹，耳下垂，中躯稍长，背腰平直而宽，腹大不拖地，臀略倾斜，四肢粗壮，卧系少，被毛黑色。成年公猪体重 113.3kg，母猪为 85.3kg。性成熟较早，公猪 4~6 月龄配种，母猪3~4 月龄开始发情，初产仔 6~7 头，经产仔 11 头。肥育期日增重为280~300g，屠宰率为 73.2%，眼肌面积 21.5cm^2，腿臀比例 24.2%，瘦肉率为 41.6%。

五、金华猪（又名两头乌猪、金华两头乌猪）

产地（或分布）：原产于浙江省金华市东阳县，分布于浙江省义乌、金华等地。

主要特性：体型中等偏小，耳中等大。下垂不超过嘴，颈粗短，背微凹，腹大微下垂，臀部倾斜，四肢细短，蹄坚实呈玉色，皮薄、毛疏、骨细。毛色中间白两头乌。按头型分大、中、小 3 型。成年公猪体重约 112kg，母猪体重约 97kg。公、母猪一般 5 月龄左右配种，3 胎以上产仔 13~14 头。肥育期日增重约 460g，屠宰率为 71.7%，眼肌面积 19cm^2，腿臀比例 30.9%，瘦肉率为 43.4%。有板油较多、皮下脂肪较少的特征，适于腌制火腿。

六、太湖猪（包括二花脸猪、梅山猪、枫泾猪、嘉兴黑猪、横泾猪、米猪、沙乌头猪）

产地（或分布）：主要分布长江下游江苏、浙江和上海交界的太湖流域。

主要特性：体型中等，各类群间有差异，梅山猪较大，骨骼较粗壮；米猪的骨骼较细致；二花脸猪、枫泾猪、横泾猪和嘉兴黑猪则介于二者之间。头大额宽，额部皱褶多，耳特大，软而下垂，被毛黑或青灰。成年公猪体重 128～192kg，母猪体重 102～172kg。繁殖力高，头胎产仔 12 头，3 胎以上 16 头，排卵数 25～29 枚。60d 泌乳量 311.5kg。日增重为 430g 以上，屠宰率为 65%～70%，二花脸瘦肉率 45.1%。眼肌面积 15.8cm^2。

七、荣昌猪

产地（或分布）：主产于重庆市荣昌县和四川省隆昌县。

荣昌猪体型较大，结构匀称，毛稀，鬃毛洁白、粗长、刚韧。头大小适中，面微凹，额面有皱纹，有漩毛，耳中等大小而下垂，体躯较长，发育匀称，背腰微凹，腹大而深，臀部稍倾斜，四肢细致、坚实，乳头 6~7 对。绝大部分全身被毛除两眼四周或头部有大小不等的黑斑外，其余均为白色；少数在尾根及体躯出现黑斑。群众按毛色特征分别称为"金架眼""黑眼膛""黑头""两头黑""飞花"和"洋眼"等。其中"黑眼膛"和"黑头"约占一半以上。荣昌猪具有耐粗饲、适应性强、肉质好、瘦肉率较高、配合力好、鬃质优良、遗传性能稳定等特点。在保种场饲养条件下，荣昌猪成年公猪体重（170.6±22.4）kg、体长（148.4±9.1）cm、体高（76.0±3.1）cm、胸围（130.3±8.5）cm，成年母猪体重（160.7±13.8）kg、体长（148.4±6.6）cm、体高（70.6±4.0）cm、胸围（134.0±8.0）cm。第一胎初产仔数（8.56±2.3）头，3 胎及 3 胎以上窝产仔数（11.7±0.23）头。

第三节　黑猪的发展状况

一、龙山县黑猪产业的发展概况

龙山地处湘西北边陲，武陵山脉腹地，龙山县南北长 106km，东西宽 32.5km，境内群山耸立，酉水河、澧水河纵横其间，植被繁茂，属亚热带大陆性湿润季风气候。龙山县湘西黑猪产业的发展在政府引导，做大做强龙头企业（湘健牧业有限公司、龙西生态牧业发展有限公司）如图 1-1 和借助龙山县天然饲草资源的优势而发展壮大，逐步成为人们脱贫致富的特色产业。

图1-1　龙山县湘健牧业有限公司

（一）保种成效明显

为了加强对湘西黑猪资源的保护力度，龙山县畜牧水产局选派技术力量对龙山县湘西黑猪进行了保种选育，根据黑猪系谱资料、育肥性状、外形鉴定等进行评分和排序，选出无血缘关系的2头种公猪30头种母猪作为保种场的核心群。通过保种，品种资源濒危的状况得到根本性缓解。

（二）产业发展势头强

近年来通过政策引导，贷款贴息，企业引进等措施，加快了养殖业的发展。通过新建屠宰加工企业（民安、里耶）促进畜禽产品的精深加工。带动黑猪产业的发展，2016年龙山县黑猪存栏1.8万余头。

（三）养殖模式不断创新

湘西黑猪养殖由分散养殖转向集中养殖的趋势加快，以龙头企业、保种场为核心，逐渐形成了明显的优势产业带：以大型企业龙西生态牧业发展有限公司、湘健牧业发展有限公司为龙头，发展黑猪"1151"生态养殖模式（即1个养殖场建1栋100m²的标准栏舍，种植林地果园50亩，饲养50头湘西黑猪，采取"猪-沼-果-农作物"的生态循环模式，年出栏100头育肥猪）。

二、面临的问题

（一）疫病风险压力大

龙山县多年来未发生重大动物疫情，但防控压力仍然很大，动物疫病风险仍然是养殖户最担心的问题，防疫成本居高不下。当前动物疾病发病机理更加复杂，疾病诊断和治疗难度增大，动物疫病混合感染性强，变异快，有的病种跨畜种、跨季节发生，甚至多病种混合发生，症状越来越复杂，无典型特征，防控难度加大，养殖户对动物疾病的担心成为发展的重要制约因素。

（二）资金瓶颈极为突出

龙山县目前还没有完全建立起企业与农户自筹、政府补贴、银行贷款和社会融资相结合的资金来源支持体系，当前湘西黑猪生产仍然主要以群众自发小规模养殖为主，尤其是湘西黑猪养殖由于投资成本高、收益不稳定、投资回报慢，缺乏政策性引导和支持，农户难以扩大养殖规模。龙山县不同于发达地区，农民普遍较为贫困，农户缺乏投资能力，部门缺乏工作经费，地方各级财政相当困难。上级项目资金无法惠及龙山县，有的项目配套资金不能及时到位，加上扶持政策缺乏连续性，产业发展后劲受到严重制约。

（三）产业软肋日趋明显

首先是产业链条粗短，基本上是养殖、屠宰、生鲜肉销售，缺乏产前饲料、兽药等环节，也缺乏产后的精深加工环节，而且现有的环节也没有实现精细化运作，尤其是缺乏品牌意识，各环节产品附加值都很低。其次是养殖环节在产业链中地位低，受到上游饲料、兽药，下游销售、屠宰环节的压制，收益率比较低，发展的积极性受到很大的打击，不能科学地发展生产。再次是龙山县湘西黑猪深加工龙头企业缺乏，产业聚集区龙头企业起步晚，没有充分突出市场取向，在打造核心竞争力方面做得不够，对区域的支撑能力比较弱，带动能力不强。

三、发展黑猪产业的重要意义

湘西黑猪是我国优良的地方家畜品种。1984 年列入《湖南省家畜家禽品种志和品种图谱》，2006 年 6 月列入《国家级畜禽遗传资源保护名录》，2007 年 5 月入选国家种质资源基因库，2010 年 3 月获得《中华人民共和国农产品地理标志登记证书》，2015 年 3 月，"湘西黑猪"成功注册地理标志证明商标。

到 20 世纪 80 年代，随着瘦肉型猪的引进和推广，湘西黑猪数量迅速递减。到 20 世纪初，一度处于濒危边缘。近年来，随着遗传资源保护意识的逐渐提高，地方特色品种优良特性重新得到重视，湘西黑猪产业发展迎来新的机遇，生产得到恢复，随着产业化进程的加快，逐渐成为龙山县农村经济发展的重要产业。

黑猪产业的发展是保护地方优良黑猪品种，促进黑猪品种的选育提高、保留优质遗传基因，避免品种单一性、充分发挥杂交优势的前提和基础。

黑猪产业的发展是利用本地优质黑猪资源，因地制宜，充分发挥地方特色优势，对打造民族品牌，地方特色品牌，为品牌注入历史人文内涵，提高产品附加值的重要途径。

黑猪产业的发展对维持人类食品多样性，提高人体健康有重要作用。黑猪是适应当地环境气候的地方品种，具有耐粗饲，食源性广泛，饲养周期相对较长等特点，所以当地饲养的黑猪肉营养丰富，富含各种矿物元素，对人类健康有益。

第二章 黑猪的形态特征及饲养环境

第一节 黑猪的形态特征

湘西黑猪主要包括浦市黑猪（又称铁骨猪）、桃源黑猪（又称延泉黑猪）和大合坪黑猪三大类群。

一、浦市黑猪

浦市黑猪体型较大，头颈轻秀，体质强壮，结构匀称，后躯较发达。全身被毛全黑而密。浦市黑猪头大小适中，头型分两种：八卦头（又称狮子头）和鲤鱼头。耳中等大，下垂遮眼。八卦头嘴筒较大、稍短而微翘，额面较宽，皱多而深。鲤鱼头嘴筒较尖、稍长而平直，额面稍窄，皱少且浅。在躯干特征上，八卦头体躯稍短，背微凹而宽，腹稍大，下垂而不拖地；鲤鱼头体躯稍长，背直而稍窄，腹中等大，腹线近于平直。四肢粗壮，前、后肢均较直，无卧系，管围粗，蹄壳为黑色。尾较长，尾端呈扫帚状。据2006年对50头能繁母猪的调查，尾长平均34.17cm，其中40cm以上的有6头，占12%。浦市猪的肋骨数一般为14～15对。据2006年11月12日屠宰5头猪的测定值为（14.4±0.55）对。乳头粗长且排列匀称，乳头一般为12～18个。

2006年10月对50头能繁母猪调查统计，平均乳头数为14.6个，其中乳头为14个有28头，占56%；乳头为16个有17头，占34%；乳头为12个有4头，占8%；乳头为18个有1头，占2%（图2-1）。

二、桃源黑猪

桃源黑猪全身被毛黑色，有部分饲养年限稍长的被毛为黑灰色，偶有在肢端、尾尖出现白色毛的个体；成年种公、母猪被毛稀粗，鬃毛由前向后斜立在鬐甲部；皮肤呈浅灰色或泥灰色。桃源黑猪体型中等大小，体质结实，各部分发育匀称，产区流传着"号筒嘴、螳螂颈、蝴蝶耳、鲫鱼肚、腰直鱼尾"的民谚。桃源黑猪有长嘴型与短

图2-1　浦市黑猪公母猪

嘴型两个类型，长嘴型头较粗长，脸平直或微凹，眼睑及嘴边缘生长着长须，短嘴型头较短而宽，鼻嘴较大。鼻盘黑色，鼻镜中隔间或有白斑，额较狭，有较浅的纵形皱纹，一般呈"介"字形或"Y"字形，耳中等大小，耳根较硬，耳面下垂。母猪腹大不拖地（但少数高产母猪在孕后期拖地），乳房发达，乳头数为14~16个。四肢特征：四肢粗壮结实，强健有力，肢势正常，无卧系，少数猪有半卧系，蹄为灰黑色。尾长过飞节，尾杆圆，尾尖，尾端毛较长而散开，当地群众称之为"鱼尾"。肋骨对数：14~15对（图2-2）。

图2-2　桃源黑猪公母猪

三、大合坪黑猪

大合坪黑猪体质较结实。个体较小，头较狭长，鼻嘴较长而直，额面皱纹较浅，耳较大且长而宽，有"三嘴落槽"之称，鬃毛较粗长，毛密而色深，外形略显粗糙。据调查及资料记载，具体来说大合坪黑猪有两个头型，即"狮子头"与"马脸猪"。"狮子头"头大嘴短鼻微翘，额面有皱纹 3~4 路，耳大而较宽，体型方正，群众称一块砖。"马脸猪"头中等大，嘴较长而直，额面皱纹浅而不规则，耳长宽，吃潲时 3 嘴落槽（因耳长吃潲时两耳同嘴都落入槽内），体型长，群众称"一根藤"。两个头型的共同特点是：全身黑色，黑鼻、黑蹄，鼻孔开阔，鬃毛较长而有弹力，且有吃粗潲的特点，耳根韧，下颌部肌肉丰满，宽平有力，上下嘴唇齐，颈部肌肉发达，背腰较平直，行动活泼，四肢粗壮，后腿欠丰满，尾根不高，乳头 7 对左右均匀分布（图 2-3）。

图 2-3　大合坪黑猪公母猪

第二节　黑猪的饲养环境

龙山县地处武陵山脉腹地，自然环境独特，生态良好。境内山丘连绵，峡谷密布，属亚热带季风湿润气候，具有明显的大陆性气候特征，气候类型多样，立体气候明显，四季分明，冬暖夏凉，光热水条件优越且基本同季，降水充沛。县境大部分区域地表水资源和地下水资源都很丰富，水质良好，地下水具有较好的径流交替和贮存条件，地表水与地下水互相转化，形成综合利用的格局，水 pH 值适中，离子总数不高，是优质水源。县境有各类草场 162 万亩，可供家畜采食的牧草有 200 多种，灌木草类生长茂盛。中草药资源丰富，1985 年州药材部门调查，境内有中草药 1 800 多种，品种繁多，其中民间兽用药物 1 200 多种，常用药 600 余种，其数量之多，为世界罕见，民间有很多疗效明显的兽用验方。湘西黑猪在长期的繁衍和发展过程中，在高寒山区地形陡峭、冷热交替、潮湿阴郁的条件下，半饲半舍，"吃中草药，喝矿泉水"，出现疾病多将配方草药伴食，崇尚"食疗"，福利比较理想。适应这样的环境特点，湘西黑猪形成了体型较大、体质强壮、结构匀称，后躯较发达的生理特征，表现出了很强的环境适应能力和抗逆性强、不易感染传染病等优良性状。

　　龙山全境山多耕地少，粮食产量较少，天然牧草丰富，长期以来养猪主要饲喂野草、谷壳、米糠、蔬菜，但随着经济的发展，后来逐渐添加糖渣、酒糟、豆渣、粉渣并辅以少量精料等。当地"打猪草""煮猪食"的养殖方式一直延续到 20 世纪 90 年代初期。龙山县有成片草场 2 188 处，牧草品种多，形成了放牧圈养结合的养殖模式，育肥期前多采用放牧加圈养，俗称"吊架子"，育肥阶段多圈养饲喂玉米、红薯等能量饲料，迅速育肥。丰富的食物来源成为湘西黑猪肉味鲜美、免疫力强、繁殖能力高的重要原因，由于以草类为主食，能量少纤维多，湘西黑猪胃容积大，腹部下垂，非常耐粗饲（图 2-4）。

图 2-4　放养猪

第三章 黑猪的繁殖技术

第一节 黑猪种猪选择

一、符合品种特征

首先选择的种猪应该具备本品种的基本特征，如湘西黑猪的毛色、体型、耳型等。值得注意的是，选择二元母猪应重点考虑生殖器官发育、乳头数量及肢体发育情况，其次才考虑体型。

二、生殖器官发育正常

外生殖器是种猪的主要性征，要求种猪外生殖器发育正常，性征表现良好。公猪睾丸要大小一致、外露、轮廓鲜明且对称地垂于肛门下方。母猪阴户发育良好，颜色微红、柔软，外阴过小预示生殖器发育不好和内分泌功能不强，容易造成繁殖障碍。

三、乳头发育良好

选择乳头发育良好、排列均匀、有效乳头数本地黑猪6对以上，二元母猪7对以上。正常乳头排列均匀，轮廓明显，有明显的乳头体。异常乳头包括内翻乳头、瞎乳头、发育不全的小赘生乳头、距腹线过远的错位乳头。内翻乳头指乳头无法由乳房表面突出来，乳管向内，形成一个坑而阻止乳汁的正常流动。瞎乳头是指那些没有可见的乳头或乳管。

四、肢蹄无异常无损伤

选择无肢蹄损伤和无肢蹄异常的种猪，要求如下：四肢要正直、长短适中、左右距离大、无"X""O"形等不正常肢势，行走时前后两肢在一条直线上，不宜左右摆动。蹄的大小适中、形状一致，蹄壁角质坚滑、无裂纹。

五、体躯结构合理

种猪的体躯结构在某种程度上会遗传给下一代猪。种猪颈、头与躯干结合良好，看不出凹陷。头过小表示体质细弱，头过大则屠宰率低，故头大小适中为宜。颈部是肉质最差的部位之一，但因为颈部与背腰是同源部位，颈部宽时，个体的背腰也就宽，一般应选择颈清瘦的种猪。种公猪的选择除考虑体质健壮，生长发育良好，能充分发挥其品种的性状特征，膘情适中，性机能旺盛等因素外，养殖户如果购买 9 月龄以上的公猪，可要求猪场采精，进行精液品检。

第二节　发情鉴定技术

一、母猪发情的生理周期

性成熟的健康母猪每隔 17~21d 发情一次，每次发情持续 2~3d。青年母猪 7~8 月龄可初配，经产母猪将仔猪哺乳到 1 个月断奶后 7d 开始发情。要想做到适时配种还必须掌握母猪发情后的排卵规律。一般母猪在发情后 19~36h 排卵，卵子在生殖道内存活 8~12h。精子进入母猪生殖道游动至输卵管的受精部位需要 2~3h，因此，给母猪授精配种的适宜时间应在排卵前 2~3h，即在发情后的 17~34h。

二、鉴别母猪发情的方法

（一）时间鉴定法

发情持续时间因母猪品种、年龄、体况等不同而有差异。一般发情持续 2~3d，在发情后的 24~48h 配种容易受胎。老龄母猪发情时间较短，排卵时间会提前，应提前配种；青年母猪发情时间长，排卵期相应往后移，宜晚配，中年母猪发情时间适中，应该在发情中期配种。所以母猪配种就年龄讲，应按"老配早，少配晚，不老不少配中间"的原则。

（二）精神状态鉴定法

母猪开始发情对周围环境十分敏感，兴奋不安，食欲下降、嚎叫、拱地、拱门、两前肢跨上栏杆、两耳耸立、东张西望，随后性欲趋向旺盛。在群体饲养的情况下，爬跨其他猪，随着发情高潮的到来，上述表现愈来愈频繁，随后母猪食欲由低谷开始回升，嚎叫频率逐渐减少，呆滞，愿意接受其他猪爬跨，此时配种为宜。

（三）外阴部变化鉴定法

母猪发情时外阴部明显充血，肿胀，而后阴门充血、肿胀更加明显，阴唇内黏膜随着发情盛期的到来，变为淡红或血红，黏液量多而稀薄。随后母猪阴门变为淡红、微皱、稍干，阴唇内黏膜血红开始减退，黏液由稀转稠，时常粘草，吊于阴门外，此时应抓紧配种。

（四）爬跨鉴定法

母猪发情到一定程度，不仅接受公猪爬跨，同时愿意接受其他母猪爬跨，甚至主动爬跨别的母猪。用公猪试情，母猪表现兴奋，头对头地嗅闻；当公猪爬跨其后背时，则静立不动，此时配种适宜。

（五）按压鉴定法

用手压母猪腰背后部，如母猪四肢前后活动，不安静，又哼叫，这表明尚在发情初期，或者已到了发情后期，不宜配种；如果按压后母猪不哼不叫，耳张前倾微煽动，四肢叉开，呆立不动，弓腰，尾根摆向一侧，这是母猪发情最旺的阶段，是配种旺期。农民常说的"按压呆立不动，配种百发百中"就是这个道理。

第三节　适时配种技术

做好母猪的适时配种工作，不仅可防止母猪的漏配，而且可以提高母猪的繁殖力，进而提高养猪的经济效益。

一、发情期判断

母猪到了配种月龄和体重时，应固定专人每天负责观察饲喂，注意观察比较母猪外阴的变化，如果母猪阴户比往常大些并红肿，人进圈时有的猪主动接近人，说明母猪已开始发情。饲养员还可用手摸母猪外阴阴道进行鉴别，如果是干的，说明猪未发情；如有液体但无滑腻感，说明是尿液；如有滑腻感还能牵起细丝、才是阴道黏液，说明母猪发情了，要及时组织配种。

二、配种时机的掌握

发情一天后，阴户开始皱缩，呈深红色，外阴黏液由稀薄变黏稠，由乳白色变为微黄色，当出现压背呆立、摸后躯举尾的现象时就可以配种。上述现象一般出现在发情的第二天。

三、选择适宜的配种方法

只要发情鉴定准确，使用人工授精或自然交配均可使母猪怀孕。由于初配母猪的发情和适时配种技术不易掌握，最好用试情公猪进行自然交配。初配以后再进行人工授精，可大大提高母猪的配种率。一般一个情期可进行两次配种，以间隔 8~12h 为宜。

第四节　人工授精技术

猪人工授精技术是养猪生产中经济有效的技术措施之一，其最大的优点是减少猪群种公猪的饲养量，增加优良公猪的利用机会。猪人工授精技术主要分采精、检验、稀释、分装、保存、运输及输精等过程。

一、采精

(一)准备好采精所需的器物

包括采精台、集精杯、分装瓶、纱布、胶手套、玻棒、显微镜、量杯、温度计、稀释液等，并对相关的器物进行消毒以备用。

(二)采精应在室内进行

采精室应清洁无尘，安静无干扰，地面平坦防滑。将公猪赶进采精预备室后，应用 40℃温水洗净包皮及其周围，再用 0.1%高锰酸钾溶液擦洗、抹干。采精员穿戴洁净的工作衣帽、长胶鞋、胶手套。

(三)采精方法

主要用手握采精法。采精时，采精员站于采精台的右(左)后侧，当公猪爬上采精台后，采精员随即蹲下，待公猪阴茎伸出时，用手握住其阴茎龟头，用力不易过猛，以防公猪不适，但要抓住螺旋部分，防止阴茎滑脱和缩回，抓握阴茎的手要有节奏的前后滑动，以刺激射精。当公猪充分兴奋，龟头频频弹动时，表示将要射精。公猪开始射精时多为精清，不宜收集，待射出较浓稠的乳白色精液时，应立即以右(左)手持集精杯，放在稍离开阴茎龟头处将射出的精液收集于集精杯内。集精杯可以稍微倾斜，当射完第一次精后，刺激公猪射第二次，继续接收，但最后射出的稀薄精液，可以放弃收集，待公猪退下采精台时，采精员应顺势用左(右)手将阴茎送入包皮中。

不得粗暴推下或抽打公猪。

二、精液检查

公猪的射精量，一般为 150~250mL，正常精液的色泽为乳白色或灰白色，云雾状，略有腥味，显微镜下检查，精子密集均匀分布，死精和畸形精子少，且呈直线前进运动者为佳。

三、精液稀释

葡萄糖稀释液（葡萄糖 5g，蒸馏水 100mL）。葡萄糖-柠檬酸钠-卵黄稀释液（葡萄糖 5g、柠檬酸钠 0.5g、蒸馏水 100mL、卵黄 5mL）。上述稀释液按配方先将糖类、柠檬酸钠等溶于蒸馏水中，过滤后蒸汽消毒 20min，取出凉至 30~35℃ 时，加入卵黄，然后以每 100mL 加入青霉素、链霉素各 5 万 IU，搅拌均匀备用。稀释精液时，稀释液温度应与精液温度相等，温度应在 18~25℃。精液稀释应在无菌室内进行，将稀释液缓缓沿杯壁倒入精液中慢慢摇匀。稀释后，每 mL 精液应含有效精子 1 亿尾。一般稀释 1.5~2 倍。

四、精液的分装、贮存、运输

（一）分装

精液稀释后，取样检查活力，合格者才能分装。分装时，将精液倒入有刻度值的分装瓶中，一般每头份 20mL。分装完后，即将容器密封，贴上标签（包括品种、等级、密度、采精日期等）。

（二）贮存

精液分装后，避光贮存，在温度 10~15℃ 条件下贮存。一般保存有效时间为 2~3d。

（三）运输

贮精瓶用毛巾、棉花等包裹，装入 10~15℃ 冷藏箱中运输，注意填满空隙，防止受热、震动和碰撞。

五、输精

首先将精液从冷藏箱取出至恢复常温，冬天适度加温至与体温相近，并用生理盐水将外阴洗净，用玻璃注射器吸取精液，再将它连接胶管，并排出胶管内的空气，然后把输精胶管从母猪阴户缓慢插入。

动作要轻，一般以插入 30~35cm 为宜，并慢慢按压注射器柄，精液便流入子宫。图 3-1 为人工授精。

图 3-1　人工授精

注射时，最好将输精管左右轻微旋转，用右手食指按摸阴部，增加母猪快感，刺激阴道和子宫的收缩，避免精液外流，若精液外流严重，应将胶管适当回拉再输精，输完精后，把输精管向前或左右轻轻转动停留 5min，然后轻轻拉出输精管。

第五节　杂交优势的利用

生猪杂交产生的杂种猪，往往在生活力、生长势和生产性能等方面一定程度上优于纯繁群体，这就是生猪的杂交优势现象。杂种优势的利用已日益成为发展现代生猪生产的重要途径，我国在杂交优势利用方面正由"母猪本地化，公猪良种化，肉猪一代杂种化"的二元杂交向"母猪一代杂种化，公猪高产品系化，商品猪三元杂交化"的三元杂交方向发展。这是一个适合猪的生产特点，广泛利用杂种优势，充分发挥增产潜力的方法。

杂交优势主要取决于杂交用的亲本群体及其相互配合情况。如果亲本群体缺乏优良基因，或亲本纯度很差，或两亲本群体在主要经济性状上基因频率无多大差异，或在主要性状上两亲本群体所具有的基因其显性与上位效应都很小，或杂种缺乏充分发挥杂种优势的饲养管理条件，都不能表现出理想的杂种优势。由此可见，生猪杂种优势利用需要有一系列配套措施，其中主要包括以下 3 项关键技术。

一、杂交亲本种群的选优与提纯

这是杂交优势利用的一个最基本环节，杂种必须能从亲本获得优良的、高产的、显性和上位效应大的基因，才能产生显著的杂种优势。"选优"就是通过选择使亲本种群原有的优良、高产基因的频率尽可能增大。"提纯"就是通过选择和近交，使得亲本种群在主要性状上纯合子的基因型频率尽可能增加，个体间差异尽可能减小。提纯的重要性并不亚于选优，因为亲本种群愈纯，杂交双方基因频率之差才能愈大。纯繁和杂交是整个杂交优势利用过程中两个相互促进、相互补充、互为基础、互相不可替代的过程。

选优提纯的较好方法是品系繁育。其优点是品系比品种小，容易选优提纯，有利于缩短选育时间，有利于提高亲本群体的一致性。更能适应现代化生猪生产的要求。如我国的新淮猪、关中黑猪、小梅山猪等都是可利用的优良生猪品系。

二、杂交亲本的选择

杂交亲本应按照父本和母本分别选择，两者选择标准不同，要求也不同。

（一）母本的选择

应选择在本地区数量多、适应性强的品种或品系作为母本，因为母本需要的数量大，应选择繁殖力高、母性好、泌乳力强的本地主要饲养品种或品系作母本，根据当地实际主要以本地优质湘西黑母猪为母本。

（二）父本的选择

应选择生长速度快、饲料利用率高、胴体品质好、与杂交要求类型相同的品种或品系作为父本。具有这些特性的一般都是经过高度培育的品种，如长白猪、大约克夏、杜洛克猪等。

三、杂交组合选择

杂交的目的是使各亲本的基因配合在一起，组成新的更为有利的基因型，猪的杂交方式有多种，下面介绍我国目前常用的两种杂交方式。

（一）二元杂交

又称简单杂交，是利用两个品种或品系的公、母猪进行杂交，杂种后代全部作为商品育肥猪。优点：简单易行后代适应性较强，因此这是我国应用广泛的一种杂交方式。缺点：母系、父系均无杂种优势可以利用。因为双亲均为纯种，而杂种一代又全部用作育肥（图3-2）。

图3-2　二元杂交仔猪

（二）三元杂交

是从二元杂交所得的杂种一代中，选留优良的个体作母本，再与另一品种的公猪进行杂交。第一次杂交所用的公猪品种称为第一父本，第二次杂交所用的公猪称为第二父本。优点：能获得全部的后代杂种优势和母系杂种优势，既能使杂种母猪在繁殖性能方面的优势得到充分发挥，又能利用第一和第二父本生长性能和胴体品质方面的优势。

第四章　黑猪的饲养管理

第一节　饲养技术

一、母猪饲养技术

母猪的饲养管理在生猪的养殖中至关重要，它关系到仔猪的健康状况，养殖规模大小，出栏量和猪场效益等多个方面。母猪的管理大致可分为：后备母猪的管理、妊娠母猪的管理、哺乳母猪的管理3个阶段。

（一）后备母猪的饲养管理

选择高产、母性好母猪产的后代，同胎至少有10头以上，仔猪初生重1kg以上；乳头达6对以上，发育良好且分布均匀；体型匀称，体格健全；无特定病原病，如无萎缩性鼻炎、气喘病、猪繁殖呼吸综合征等的优质仔猪作为后备母猪培养。

外购后备母猪，要在无疫区的种猪场选购，先隔离饲养至少45d，购入后第一周要限饲，待适应后转入正常饲喂，并按进猪日龄，分批次做好免疫注射、驱虫等。

做好后备母猪发情鉴定并记录，将该记录移交配种舍人员。母猪发情记录从6月龄时开始。仔细观察初次发情期，以便在第二至第三次发情时及时配种。图4-1为后备母猪。

为保证后备母猪适时发情，可采用调圈、合圈、成年公猪混养的方法刺激后备母猪发情；对于接近或接触公猪3~4周后，仍未发情的后备猪，要采取强刺激，如将3~5头难配母猪集中到一个留有明显气味的公猪栏内，饥饿24h、互相打架或每天赶进一头公猪与之追逐爬跨（有人看护）刺激母猪发情，必要时可用中药或激素刺激；若连续3个情期都不发情则淘汰。

小群饲养，每圈3~5头（最多不超过10头），每头占圈面积至少1.5m²，以保证其肢体正常发育。

图4-1　后备母猪

　　配种前一段时期按摩乳房，刷拭体躯，建立人猪感情，使母猪性情温顺，好配种，产子后好带仔，便于日常管理。

　　（二）妊娠母猪的饲养管理

　　母猪配种后，从精卵结合到胎儿出生，这一过程称为妊娠阶段。母猪的妊娠期一般为112~116d，平均114d。在饲养管理上，一般分为妊娠初期（20d前）、妊娠中期（20~80d）和妊娠后期（80d以上）。掌握妊娠母猪饲养管理技术，才能保证胎儿正常发育、母猪产仔多、体况好、胎儿少流产，青年母猪还要维持自身生长发育的需要。图4-2为妊娠母猪。

图4-2　妊娠母猪

对于断乳后膘情较差的经产母猪和精料条件较差的地区，采取"抓两头、顾中间"的管理方式。一头是在母猪妊娠初期和配种前后，加强营养；另一头是抓妊娠后期营养，保证胎儿正常发育；顾中间就是妊娠中期，可适当降低精饲料供给，增加优质青饲料。

步步高的饲养方式。此方式适用于初产母猪和哺乳期间发情配种的母猪，适用于精料条件供应充足的地区和规模化生产的猪场。在初产母猪的妊娠中，后期营养必须高于前期，产前一个月达到高峰。对于哺乳期配种的母猪，在泌乳后期不但不应降低饲料供给，还应加强，以保证母猪双重负担的需要。

前粗后精的饲养方式。此种方式适用于配种前体况好的经产母猪。在妊娠前期可以适当降低营养水平。近年来，普遍推行母猪妊娠期按饲养标准限量饲喂、哺乳期充分饲喂的办法。

妊娠母猪每天的饲喂量，在有母猪饲养标准的情况下，可按标准的规定饲喂。在无饲养标准时，可根据妊娠母猪的体重大小，按百分比计算。一般来说，在妊娠前期喂给母猪体重的 1.5%~2.0%，妊娠后期可喂给母猪体重的 2.5%。妊娠母猪饲喂青绿饲料，一定要切碎，然后与精料掺拌一起饲喂。精料与粗料的比例，可根据母猪妊娠时间递减。饲喂妊娠母猪的饲料，应含有较多的干物质，不能喂得过稀。

妊娠母猪的管理除让母猪吃好、睡好外，在第一个月和分娩前10d，要减少运动，圈内保持环境安静，清洁卫生。经常接近母猪，给母猪刷拭，不追赶、不鞭打、不挤压、不惊吓、冬季防寒，夏季防暑，猪舍内通风干燥。

妊娠母猪饲料不要喂带有毒性的棉籽饼、酸性过大的青贮料、酒糟以及冰冷的饲料和饮水，注意给妊娠母猪补充足够的钙、磷，最好在日粮中加 1%~2% 的骨粉或磷酸氢钙。群养母猪的猪场，在分娩前分圈饲养，以防互相争食或爬跨造成流产。

（三）哺乳母猪的饲养管理

哺乳母猪每天喂 2~3 次，产前 3d 开始减料，渐减至日常量的1/2~1/3，产后 3d 恢复正常饲喂，自由采食直至断奶前 3d。喂料时若母猪不愿站立吃料，应赶起。产前产后日粮中加 0.75%～1.5% 的电解质、轻泻剂（维力康、小苏打或芒硝），可适当增加优质麸皮的喂量，以预防产后便秘、消化不良、食欲不振，夏季日粮中添加 1.2% 的碳酸氢钠可提高采食量。

产前 7d 母猪进入分娩舍，保持产房干燥、清洁卫生，并逐渐减少饲喂量，对膘情较差的可少减料或不减料；临产前将母猪乳房、阴部清洗，再用 0.1% 的高锰酸钾水溶液擦洗消毒；产后注射一针青霉素 400 万 IU、链霉素 300 万 IU，防治产期疾病。

母猪在分娩过程中，要有专人细心照顾，接产时保持环境安静、清洁、干燥、冬暖夏凉，严防产房高温，若有难产，通常用催产素肌肉注射，若 30min 后还未产出，则要进行人工助产；母猪产后最好做子宫清洗及注射前列腺素（在最后产仔 36～48h 一次性肌肉注射 PGF2α 2mL），以帮助恶露排出和子宫复位，也有利于母猪断奶后再发情。

母猪产仔当天不喂饲料，仅喂麸皮食盐水或麸皮电解质水，一周内喂量逐渐增加，待喂量正常时要最大限度增加母猪采食量；饲喂遵循"少给勤添"的原则，严禁饲喂霉变饲料；在泌乳期还要供给充足的清洁饮水，防止母猪便秘，影响采食量。

要及时检查母猪的乳房，对发生乳房炎的母猪应及时采取措施治疗。

母猪断奶前 2～3d 减少饲喂量，断奶当天少喂或不喂，并适当减少饮水量，待断奶后 2～3d 乳房出现皱纹，方能增大饲料喂量，这样可避免断奶后母猪发生乳房炎。

二、公猪饲养技术

种公猪的好坏对整个猪群影响很大，俗话讲"母猪好，好一窝；公猪好，好一坡"，因此公猪的饲养对猪场至关重要。一般情况下，采用本交，每头公猪可负担 50～60 头母猪配种任务，一年可繁殖仔猪 1 000 头；采用人工授精，每头公猪一年可配 500 头母猪。

根据品种特性选择具有优良性状的种公猪个体。一般要求公猪品种纯、睾丸大、两侧对称，乳头 7 对以上，体躯健壮而灵活，膘情中等，后躯发达，腹线平直而不下垂。

外购种公猪，要在无规定疫病和有《动物防疫条件合格证》的猪场选购，公猪调回后，先隔离饲养，5~7d 内不能过量采食，待猪只完全适应环境后，转入正常饲喂，并做好防疫注射和寄生虫的驱除工作。

加强公猪运动，每天定时驱赶和自由运动 1~2h；每天擦拭一次，有利于促进血液循环，减少皮肤病，促进人猪亲和，切勿粗暴哄打，以免造成公猪反咬等抗性恶癖；利用公猪躺卧休息机会，从抚摸擦拭着手，利用刀具修整其各种不正蹄壳，减少蹄病发生。

公猪配种前要先驱虫，注射乙脑、细小病毒、猪瘟三联、链球菌、圆环等疫苗。

后备公猪要进行配种训练，后备公猪达 8 月龄，体重达 90kg，膘情良好即可开始调教。将后备公猪放在配种能力较强的老公猪附近隔栏观摩、学习配种方法；第一次配种时，公母大小比例要合理，防止公猪跌倒或者母猪体况差、体重小而被公猪压伤；正在交配时不能推公猪，更不能打公猪。

青年公猪两天配种一次，成年公猪每天配种一次，采精一般 2~3d 采一次，5~7d 休息 1d；配种时间，夏季在一早一晚，冬季在温暖的时候，配前后 1h 不能喂饮，严禁配种后用凉水冲洗躯体；公猪发烧后，一个月内禁止使用。

防止公猪热应激，做好防暑降温工作，天气炎热时应选择在早晚较凉爽时配种，并适当减少使用次数，经常刷拭冲洗猪体，及时驱除体内外寄生虫，注意保护公猪肢蹄。

公猪在配种季节要加大蛋白质饲料的饲喂量，如优质的豆粕、鱼粉、蚕蛹等，并保证青绿饲料、钙磷、维生素 E 的供给量，以保证精液品质和公猪体况。

三、仔猪饲养技术

饲养管理好乳仔猪是搞好养猪的生产基础。仔猪培育工作的成败，既关系着养猪生产水平的高低，又对提高养猪经济效益、加速猪群周转，起着十分重要的作用。哺乳仔猪饲养得好，仔猪成活头数就多，母猪的平均年生产率就高。

（一）仔猪的生长和生理特点

仔猪生长发育快，产后7~10d内体重可增加1倍，30d内，体重可增加5倍以上，由于生长发育快，体内物质沉积多，对营养物质在数量和质量的需求很高；又因为仔猪初生缺乏先天免疫力，要尽快让其吃到初乳增强抵抗力，还可以在出生4~10d分两次注射牲血素；仔猪对外界环境和气候变化适应性低，自体调节能力弱，要注意防寒保暖；仔猪消化器官功能尚不健全，胃液、胆汁分泌不足，消化酶的分泌还不平衡，对乳汁中的营养吸收尚可，对来自外界补充的营养物质消化吸收能力极差。因而在饲养过程中，要尽快让其适应外来营养，仔猪在出生后7d，刚好长出牙齿，喜欢啃东西，此时补充一些高蛋白质的全价颗粒饲料，锻炼胃肠消化功能有重要作用。

（二）要养好仔猪必须抓好四食、过好四关

1. 抓乳食，过好初生关

哺食初乳，固定乳头，仔猪出生后一般都能自由活动，依靠自身的嗅觉寻找乳头，个别体弱的仔猪必须借助于人工辅助，最迟应该在产后2h内让乳猪吃上初乳，最好母猪边分娩边让乳猪吮乳，在操作中有意识地把强壮的仔猪放在后面乳头，体弱的放在前面乳头，有利于仔猪发育均匀，大小整齐。母猪整个分娩过程应有专人在场，避免母猪压死小猪和小猪包衣引起窒息死亡。

2. 抓开食、过好补料关

仔猪出生后第七天，用全价的颗粒饲料诱食，实在不吃的猪只，把颗粒料强制塞入小猪嘴内，反复几次，让其觉得有味道，下次才会主动去舔食。仔猪出生第3d，最好补充电解质水，可以买现成的口服补液盐，也可以自配：葡萄糖45g，盐8.5g，柠檬酸0.5g，甘氨酸6g，柠檬酸钠120mL，磷酸二氢钾400mL，加入2kg清水中，连饮10~15d。此方法很关键，有利于仔猪早开食，更健康地成长。

3. 抓旺食，过好断奶关

30日龄左右仔猪将进入旺食阶段，抓好此阶段，增加采食量，每天饲喂次数以4~5次为宜，不更换饲料，保证饲料质量的稳定性，建议补饲量如表4-1，仅供参考。

表4-1　3~7周饲喂量

出生周期	3周	4周	5周	6周	7周
饲喂量	30g	65g	80~150g	180~250g	450~500g

4. 抓防病，过好活命关

仔猪一生中可能出现的 3 次死亡高峰。第一次在出生后 7d 内，第二次在 20~30d 奶量不足时，饲料量增加的时候，第三次在断奶时出现应激的时候，这 3 个死亡高峰与饲养管理的科学性与否直接关系，合理细致的管护和饲养可以使仔猪少死亡，快增长，应特别重视仔猪饲养中的腹泻问题，由其导致的死亡可以占到仔猪总死亡的 30%，甚至更高，所以哺乳仔猪的防病要点要落实好正常的免疫接种和消毒措施，仔猪栏舍内经常用消毒药喷洒，增强断奶仔猪的抵抗力，减少病原微生物的感染。

四、肥育猪饲养技术

生长肥育猪对外界的适应能力逐渐增强，所以饲养起来相对容易些。一般来说，只要没有大的意外，成活率都很高，但要饲养好生长肥育猪，还应加强以下几个方面的工作。

（一）饲料调制

科学地调制饲料和饲喂对提高生长肥育猪的增重速度和饲料利用率，降低生产成本有重大意义。饲料调制的原则是缩小饲料体积，增强适口性，提高饲料转换率。可以用颗粒料，也可以用粉料；既可以购买商品全价料，也可以用市售浓缩料或预混料自行加工配制，建议散养户根据自家实际利用农副产品合理配制饲料，可以充分利用农村剩余资源，降低饲养成本。

（二）饲喂方法

自由采食与限量饲喂均可，自由采食日增重高，背膘较厚。限量饲喂饲料转换率较高，背膘较薄。追求日增重，以自由采食为好，为得到较瘦的胴体，则限量饲喂优于自由采食，限量饲喂应始于育肥后期。在日饲喂次数上，如果大量利用青粗饲料，可日喂 3~4 次，如果以精饲料为主，可日喂 2~3 次，在育成猪阶段日喂次数可适当增多，以后逐渐减少。

（三）供给充足清洁的饮水

冬季饮水量约为采食量的 2~3 倍或体重的 10% 左右，春秋季饮水量约为采食量的 4 倍或体重的 16% 左右，夏季饮水量约为采食量的 5 倍或体重的 23%，水槽与饲槽分开，有条件的可安装自动饮水器。

（四）驱虫

当前为害严重的寄生虫有蛔虫、疥螨和虱子等体内外寄生虫，通常在 35d 左右进行第一次驱虫，必要时可在 70d 时进行第二次驱虫，以后每隔一个季度驱虫一次。

第二节 猪场管理制度

一、防疫制度

为了保障规模化猪场生产的安全，依据规模化猪场当前实际生产条件，必须贯彻"预防为主，防重于治"的原则，杜绝疫病的发生。现拟定以下《猪场卫生防疫制度》，仅供广大养殖户参考。

（1）猪场可分为生产区和生活区，生产区包括饲养场、兽医室、饲料库、污水处理区等。生活区主要包括办公室、食堂、宿舍等。生活区应建在生产区上风方向并保持一定距离。

（2）猪场实行封闭式饲养和管理。所有人员、车辆、物资仅能由大门和生产区大门经严格消毒后方可出入，不得由其他任何途径出入生产区。

（3）非生产区工作人员及车辆严禁进入生产区，确有需要进入生产区者必须经有关领导批准，按本场规定程序消毒、更换衣鞋后，由专人陪同在指定区域内活动。

（4）生活区大门应设消毒门岗，全场员工及外来人员入场时，均应通过消毒门岗，按照规定的方式实施消毒后方可进入。

（5）场区内禁止饲养其他动物，严禁携带其他动物和动物肉类及其副产品入场，猪场工作人员不得在家中饲养或者经营猪及其他动物肉类和动物产品。

（6）场内各大、中、小型消毒池由专人管理，责任人应定期进行清扫，更换消毒药液。场内专职消毒员应每日按规定对猪群、猪舍、各类通道及其他须消毒区域轮替使用规定的各种消毒剂实施消毒。工作服要在场内清洗并定期消毒。

（7）饲养员要在场内宿舍居住，不得随便外出；场内技术人员不得到场外出诊；不得去屠宰场、其他猪场或屠宰户、养猪场户等处逗留。

（8）饲养员应每日上、下午各清扫一次猪舍、清洗食槽、水槽，并将收集的粪便、垃圾运送到指定的蓄粪池内，同时应定期疏通猪舍排污道，保证其畅通。粪便、垃圾及污水均需按规定实行无害化处理后方可向外排放。

（9）生产区内猪群调动应按生产流程规定有序进行。出售生猪应由装猪台装车。严禁运猪车进场装卸生猪，凡已出场生猪严禁运返场内。

（10）坚持自繁自养的原则，新购进种猪应按规定的时间在隔离猪舍进行隔离观察，必要时还应进行实验室检验，经检验确认健康后方可进场混群。

（11）各生产车间之间不得共用或者互相借用饲养工具，更不允许将其外借和携带出场，不得将场外饲养用具带入场内使用。

（12）各猪舍在产前、断奶或空栏后以及必要时按照终末消毒的程序按清扫、冲洗、消毒、干燥、熏蒸等方法进行彻底消毒后方可转入生猪。

（13）疫苗由专人管理，疫苗冷藏设备到指定厂家采购，疫苗运回场后由专人按规定方法贮藏保管，并应登记所购疫苗的批号和生产日期，采购日期及失效期等，使用的疫苗废品和相关废弃物要集中无害化处理。

（14）应根据国家和地方防疫机构的规定及本地区疫情，决定猪厂使用疫苗品种，依据所使用疫苗的免疫特性制定适合本场的免疫程序。免疫注射前应逐一检查登记须注射疫苗生猪的栋号、栏号、耳号及健康状况，患病猪及妊娠母猪应暂缓注射，待其痊愈或产后再进行补注，确保免疫全覆盖。

二、消毒制度

为了控制传染源，切断传播途径，确保猪群的安全，必须严格做好日常的消毒工作。特拟定《规模化猪场日常消毒程序》，仅供参考。

1. 非生产区消毒

（1）凡一切进入养殖场人员（来宾、工作人员等）必须经大门消毒室，并按规定对体表、鞋底和人手进行消毒。

（2）大门消毒池长度为进出车辆车轮的两个周长以上，消毒池上方最好建顶棚，防止日晒雨淋；并且应该设置喷雾消毒装置。消毒池水和药要定期更换，保持消毒药的有效浓度。

（3）所有进入养殖场的车辆（包括客车、饲料运输车、装猪车等）必须严格消毒，特别是车辆的挡泥板和底盘必须充分喷透、驾驶室等必须严格消毒。

2. 生产区消毒

（1）生产人员（包括进入生产区的来访人员）必须更衣消毒沐浴，或更换一次性的工作服，换胶鞋后通过脚踏消毒池（消毒桶）才能进入生产区。

（2）生产区入口消毒池每周至少更换池水、池药两次，保持有效浓度。生产区内道路及 5m 范围以内和猪舍间空地每月至少消毒两次。售猪周转区、赶猪通道、装猪台及磅秤等每售一批猪都必须大消毒一次。

（3）分娩保育舍每周至少消毒两次，配种妊娠舍每周至少消毒一次。肥育猪舍每两周至少消毒一次。

（4）猪舍内所使用的各种器具、运载工具等必须每两周消毒一次。

（5）病死猪要在专用焚化炉中焚烧处理，或用生石灰和烧碱拌撒深埋。活疫苗使用后的空瓶应集中放入有盖塑料桶中灭菌处理，防止病毒扩散。

3. 消毒过程中应注意事项

（1）在进行消毒前，必须保证所消毒物品或地面清洁。否则，起不到消毒的效果。

（2）消毒剂的选择要具有针对性，要根据本场经常出现或存在的病原菌来选择消毒剂。消毒剂要根据厂家说明的方法操作进行，要保证新鲜，要现用现配。

（3）消毒作用时间一定要达到使用说明上要求的时间，否则会影响效果或起不到消毒作用。比如在鞋底消毒时仅蘸一下消毒液，达不到消毒作用。

三、无害化处理制度

（1）饲料应采用合理配方，提供理想蛋白质体系，以提高蛋白质及其他营养的吸收效率，减少氮的排放量和粪的生产量。

（2）养殖场的排泄物要实行干湿分离，干粪运至堆粪棚堆积发酵处理，水粪排入三级过滤池进行沉淀过滤处理。

（3）各猪场的排水系统应分雨水和污水两套排水系统，以减少排污的压力。

（4）具备焚烧条件的猪场，病残和死猪的尸体必须采取焚烧炉焚烧。不具备焚烧条件的猪场，必须设置两个以上混凝土结构的安全填埋井，且井口要加盖封严。每次投入猪尸体后，应覆一层厚度大于10cm的熟石灰，井填满后，须用土填埋压实并封口。

（5）废弃物包括过期的兽药、疫苗、注射后的疫苗瓶、药瓶及生产过程中产生的其他弃物。各种废弃物一律不得随意丢弃，应根据各自的性质不同采取煮沸、焚烧、深埋等无害化处理措施，并按要求填写相应的无害化处理记录表。

四、隔离制度

（1）商品猪实行全进全出或实行分单元全进全出饲养管理，每批猪出栏后，圈舍应空置两周以上，并进行彻底清洗、消毒，杀灭病原，防止连续感染和交叉感染。

（2）引种时应从非疫区，取得《动物防疫条件合格证》的种猪场或繁育场引进经检疫合格的种猪。种猪引进后应在隔离舍隔离观察6周以上，健康者方可进入健康舍饲养。

（3）患病猪和疑似患病猪应及时送隔离舍，进行隔离诊治或处理。

第三节　猪场规模与建设

一、栏圈建设

（一）场址的选择

主要考虑地势要高燥；防疫条件要好；交通方便；水源充足；供电方便等条件。规模越大，这些条件越要严格。如果养猪数量少，则视其情况而定。同时也要考虑猪场要远离饮用水源地、学校、医院、无害化处理厂、种猪场等。

（二）猪舍建筑形式

专业户养猪场建筑形式较多，可分为3类：开放式猪舍、封闭式猪舍、大棚式猪舍。

1. 开放式猪舍

建筑简单，节省材料通风采光好，舍内有害气体易排出。但由于猪舍不封闭，猪舍内的气温随着自然界变化而变化，不能人为控制，这样影响了猪的繁殖与生长，另外，相对的占用面积较大。

2. 大棚式猪舍

即用塑料扣成大棚式的猪舍。利用太阳辐射增高猪舍内温度。北方冬季养猪多采用这种形式。这是一种投资少、效果好的猪舍。根据建筑上塑料布层数，猪舍可分为单层和双层塑料棚舍。根据猪舍排列，可分为单列和双列塑料棚舍。另外，还有半地下塑料棚舍和种养结合塑料棚舍。单层塑料棚舍比无棚舍的平均温度可提高13.5℃，由于舍温的提高，使猪的增重也有很大提高。据试验，有棚舍比无棚舍日增重可增加238g，每增重1kg可节省饲料0.55kg。因此说塑料大棚养猪是在高海拔地区投资少、效果好的一种方法。双层塑料棚舍比单层塑料棚舍温度高，保温性能好。双层塑料棚舍比单层塑料棚舍温度提高3℃以上，肉猪的日增重可提高50g以上，每增重1kg节省饲料0.3kg。

（1）单列和双列塑料棚舍：单列塑料棚舍指单列猪舍扣塑料布。双列塑料棚舍，由两列对面猪舍连在一起扣上塑料布。此类猪舍多为南北走向，争取上下午及午间都能充分利用阳光，以提高舍内温度。

（2）半地下塑料棚舍：半地下塑料棚舍宜建在地势高燥、地下水位低或半山坡等地方。一般在地下部分为 80~100cm。这类猪舍内壁要砌成墙，防止猪拱或塌方。底面整平，修筑混凝土地面。这类猪舍冬季温度高于其他类型猪舍。

（3）种养结合塑料棚舍：这种猪舍是既养猪又种菜。建筑方式同单列塑料棚舍。一般在一列舍内有一半养猪，一半种菜，中间设隔断墙。隔断墙留洞口不封闭，猪舍内污浊空气可流动到种菜室那边，种菜那边新鲜空气可流动到猪舍。在菜要打药时要将洞口封闭严密，以防猪中毒。最好在猪床位置下面修建沼气池，利用猪粪尿生产沼气，供照明、煮饭、取暖等用。

（4）塑料大棚猪舍：冬季湿度较大，塑料膜滴水，猪密度较大时，相对湿度很高，空气氨气浓度也大，这样会影响猪的生长发育。因此需适当设排气孔，适当通风，以降低舍内湿度、排出污浊气体。

（5）保持棚舍内温度：冬季在夜晚于大棚的上面要盖一层防寒草帘子，帘子内面最好用牛皮纸、外面用稻草做成。这样减少棚舍内温度的散失。夏季可除去塑料膜，但必须设有遮阴物。这样才能达到冬暖夏凉。

3. 封闭式猪舍

通常有单列式、双列式和多列式。

单列式封闭猪舍：猪栏排成一列，靠北墙可设或不设走道。构造简单，采光、通风、防潮好，冬季不是很冷的地区适用。

双列式封闭猪舍：猪栏排成两列，中间设走道，管理方便，利用率高，保温较好，采光、防潮不如单列式。冬季寒冷地区适用。养肥猪适宜，如图 4-3。

多列式封闭猪舍：猪栏排成 3 列或 4 列，中间设 2~3 条走道，保温好，利用率高，但构造复杂，造价高，通风降温较困难。

二、饲养规模

饲养规模的大小与资源的高效合理利用，与猪场的收益密切相关，在精细饲养管理的条件下，往往规模越大养殖成本越低，养殖效益也越好。但由于我们地处山区，发展相对较慢，各种资源的整合难

图4-3 双列式封闭猪舍

度较大，资金大量融合困难，所以我们的发展规模必须在各方面条件允许的情况下稳步发展。不能盲目跟风扩场扩建，大量引种，要切记资金链断裂带来的廉价抛售风险。建议猪场根据自己的实力，首先建立稳定的繁殖群，满足饲养所需的种苗供应，也可防止外地引种的疫病风险，和价格波动风险，并在此基础上稳步滚雪球式的逐步壮大。

第五章 黑猪疾病的临床诊断及疫病防治

第一节 临床诊断

一、望诊

望诊就是用肉眼和借助器械直接和间接对畜禽整体和局部进行观察的一种方法。望诊的方法：使待诊动物尽量处于自然状态，一般距离动物1~1.5m，从动物的前方看向后方，先观察静态再观察动态，位于动物正前方和后方时要注意观察两侧胸腹的对称性，动物若处于静止状态要进行适当的驱赶以观察其运动姿态。观察猪群，从中发现精神沉郁、离群呆立、步态异样、饮食饮水异常、生理体腔是否有污秽的分泌物和排泄物、被毛粗乱无光的消瘦衰弱病畜，从整体上了解猪群的健康状况，提出及时的诊疗预防措施，并为进一步诊断提供依据。

二、听诊

听诊是利用耳朵和听诊设备听取动物的内脏器官在运动时发出的各种声响，以音响的性质判断其病理变化的一种诊断方法。临床上主要用于听诊心血管系统、呼吸系统、消化系统的各种声响，例如，心区听诊正常的为两个有规律的"咚-嗒"音，两个音间隔大致相等。当生猪患热性病时心音明显加强，能听到急促的心跳咚-嗒声，患衰竭、休克、中毒性疾病时，心音一般减弱或者先加强后减弱。正常的支气管呼吸音类似于"赫"的音，肺泡呼吸音声音很低类似于"夫"的音。发热时肺泡呼吸音增强，喘息声明显，多见于肺炎和支气管肺炎、肺气肿、胸膜炎、胸水时呼吸音减弱。正常的肠蠕动音似流水声、含漱声，在发生肠胃炎时出现雷鸣音，便秘、肠阻塞时肠音减弱。

三、问诊

问诊是通过询问的方式向畜主或者饲养员了解病畜或者畜群发病前后的状况和经过，主要询问饲料的种类、质量和配制的方法，饲料的贮藏、饲喂方法，了解病畜和畜群的既往病史、特别是有畜群发病时要详细调查当地疫病流行情况、防疫检疫情况，还要询问现病史，掌握发病的时间、地点、发病数量和病程以及治疗措施等。对上述询问的结果进行综合客观地分析，为诊断提供依据。

四、触诊

触诊是用手对要检查的组织器官进行触压和感觉，同时观察病畜的表现，从而判断其病变部位的大小、硬度、温度、敏感性等。触诊一般分为按压触诊、冲击触诊、切入触诊3种，临床多用于检查体表的温度、肿胀物的大小性状、以刺激为目的检查动物的敏感度、深部触诊用于检查内部器官的位置、形态、内容物状态以及与周边组织的关系等。

五、嗅诊

嗅诊主要是通过鼻腔嗅闻病畜的呼出气体、口腔气味、分泌物、排泄物（粪、尿）和病理产物的气味来判断机体的病变，例如，鼻腔呼出气有腐败味，提示为肺脏坏疽，阴道分泌物有腐败臭味提示为子宫蓄脓和胎衣滞留，尿液有浓氨臭味提示有膀胱炎，泻下物有浓腥臭味、提示有肠炎、有酸臭味提示有胃炎。

第二节　黑猪疫病防治

一、疫病预防

常见传染病主要指对养殖业为害大，而且多发的几种传染病，如猪瘟、口蹄疫、蓝耳病、伪狂犬病、传染性胃肠炎、链球菌病、仔猪水肿病、猪丹毒、猪肺疫等，由于这些疾病多有发病急、病程短、诊疗效果差、死亡率高等特点，所以在养殖过程中多以预防为主。参考猪场疫病免疫程序见表5-1。

（1）疫苗使用前后应注意猪场所用药物对疫苗免疫效果的影响。

（2）出现过敏情况时，皮下或肌内注射 0.2～1mL 肾上腺素/头，如静脉注射需稀释 10 倍或者肌肉注射地塞米松注射液 5mL。

（3）疫苗免疫通常应在猪只健康状态下进行，免疫程序常受到猪群健康状况等多种因素的影响而调整。调整免疫程序请在兽医指导下进行。猪瘟和口蹄疫是国家强制免疫的疫病，疫苗可直接到兽防站领取。

表 5-1　猪场免疫程序

商品猪		
免疫时间	使用疫苗	剂量
1 日龄（初乳前）	猪瘟弱毒疫苗	1 头份
3 日龄	猪伪狂犬基因缺失弱毒苗	滴鼻 1 头份
7 日龄	猪喘气病灭活疫苗	按疫苗说明书
18 日龄	猪水肿病灭活疫苗	肌注 2 头份
21 日龄	猪喘气病灭活疫苗	按疫苗说明书
28 日龄	猪高致病性蓝耳病灭活疫苗	按疫苗说明书
35 日龄	猪链球菌 II 灭活苗	按疫苗说明书
40 日龄	猪水肿病疫苗	按疫苗说明书
50 日龄	猪伪狂犬基因缺失弱毒苗	肌注 1 头份
60 日龄	猪瘟、丹毒、肺疫三联疫苗	肌注 2 头份
种母猪		
免疫时间	使用疫苗	剂量
初产母猪 配种前	猪瘟弱毒疫苗	肌注 4 头份
	猪高致病性蓝耳病灭活疫苗	按疫苗说明书
	猪细小病毒疫苗	按疫苗说明书
	猪伪狂犬基因缺失弱毒苗	按疫苗说明书
经产母猪 配种前	猪瘟弱毒疫苗	肌注 4 头份
	猪高致病性蓝耳病灭活疫苗	按疫苗说明
经产母猪产前 30 日	猪伪狂犬基因缺失弱毒苗	按疫苗说明书
产前 15 日	大肠杆菌双价基因工程苗	按疫苗说明书

（续表）

种公猪		
免疫时间	使用疫苗	剂量
每隔 6 个月	猪瘟弱毒疫苗	肌注 4~6 头份
	猪高致病性蓝耳病灭活疫苗	按疫苗说明
	猪伪狂犬基因缺失弱毒苗	按疫苗说明
备注	①每年 3—4 月接种乙型脑炎疫苗 ②每年 3—9 月接种口蹄疫疫苗 ③每年 3—10 月接种猪传染性胃肠炎、流行性腹泻二联疫苗 ④根据本地疫病情况看选择进行免疫	

二、常见疾病防治

常见疾病是指临床上多发，为害较大，通过积极的预防、诊疗可以得到控制和达到预期效果。

（一）仔猪腹泻病

仔猪腹泻病临床上主要分为以下几种类型：消化不良性腹泻、细菌感染性腹泻和病毒性腹泻。由于细菌性和病毒性腹泻多以预防为主，此处不讲。消化不良性腹泻是各种致病因素单一和综合作用（例如，寒湿，久卧寒湿水泥地、饮水冰冷、圈舍阴冷等；湿热，圈舍不通风闷热、日光直接照射、圈舍潮湿、饲养密度过高等；毒物误食，误食如蓖麻、巴豆、马铃薯芽、马铃薯黄茎叶、幼嫩的高粱玉米苗等；寄生虫机械损伤、吸附、移行等；粗饲料损伤畜体的消化道等）导致消化器官损伤和机能紊乱而至泄泻。

1. 主要症状

症状多与病因不同而有所变化，寒湿型多畏寒肢冷、抖擞毛立、泄泻物清稀如水。湿热型表现为分散呆立、体倦乏力、喜饮、里急后重，泄泻物多黄色黏稠。中毒型多表现为站卧不安、疼痛呻吟，泄泻物多为黑色。消化道损伤型多表现为采食减少，时好时坏，肠胃胀满，泄泻物多为未消化的食物且酸臭。

2. 治疗

寒湿型腹泻多采用温脾暖胃的方剂温脾散和桂心散（温脾散：

青皮、陈皮、白术、厚朴、当归、甘草、细辛、益智、葱白、食醋。桂心散：桂心、厚朴、青皮、陈皮、白术、益智仁、干姜、砂仁、当归、甘草、五味子、肉豆蔻、大葱）用上述方剂煎汤灌服。湿热型痢疾治疗用白头翁汤和郁金散（早期白头翁汤：白头翁、黄连、黄柏、秦皮，后期郁金散：黄柏、黄芩、黄连、炒大黄、栀子、白芍、诃子）。误食毒物腹泻首先应停喂有毒物、洗胃，解毒用绿豆汤加淀粉、活性炭灌服，止泻用理中汤加味（理中汤：甘草、党参、白术、干姜加味炒大黄、炒麦芽、山楂煎汤灌服）。寄生虫引起的腹泻西药用左旋咪唑和伊维菌素注射驱虫，然后用平胃散（平胃散：厚朴、陈皮、苍术、甘草、大枣、干姜）行气健脾，伤食腹泻用保和丸（保和丸：六曲、山楂、茯苓、半夏、陈皮、连翘、麦芽）煎汤灌服。在仔猪腹泻病治疗过程中可以结合西药抑菌剂，常用土霉素、磺胺粉、庆大霉素等拌料喂服和注射，消炎和减少渗出可用地塞米松注射液和维生素 C 注射液。

3. 预防

仔猪饲养中要注意圈舍的防寒保暖、干燥、通风、清洁，及时清除排泄物，选择优质易消化的饲料定时定量的饲喂、供给清洁饮水、定期驱虫，不轻易转圈分群，改变饲料和饲喂方式，尽量减少仔猪应急等。

（二）仔猪水肿病

仔猪水肿病是由大肠杆菌引起的仔猪肠毒血症性传染病。多为散发，一年四季均有病例发生，多以断奶后营养丰富，生长迅速的仔猪首先发病，往往不出现症状突然死亡或者突然发病常在 1~2d 内死亡。

主要症状：发病猪表现为四肢无力跪地爬行、声音嘶哑、共济失调、眼睑、面部水肿、结膜潮红充血，触摸敏感尖叫，急性不见症状突然死亡，病程一般 1~2d，死亡率约 95%。

1. 病理变化

以胃贲门、胃大弯和肠系膜呈胶冻样水肿为特征。胃肠黏膜呈弥漫性出血，心包腔、胸腔和腹腔有大量积液。淋巴结水肿充血和出血。

2. 治疗

发病早期用磺胺间甲氧嘧啶钠、大剂量地塞米松治疗，辅以安钠咖、速尿、维生素C、氯化钙等注射液对症治疗，中兽药配合黄连解毒汤和五苓散（黄连解毒汤：黄连、黄柏、黄芩、栀子，五苓散：猪苓、茯苓、泽泻、白术、桂枝）煎汤灌服，后期多没有治疗效果。

3. 预防

注意圈舍卫生，定期消毒，发生过此病的栏圈要彻底消毒，有条件的可以空栏 3~4 个月再补栏饲养。注意仔猪的饲料营养，避免蛋白质饲料的过量添加，饲料中注意添加矿物元素硒和维生素 E、维生素 B_1、维生素 B_2、尽量减少饲料更换、转圈、断奶、气候变化等对仔猪的应激反应。

疫苗预防用仔猪水肿病灭活疫苗在仔猪 18 日龄时首免，30 日龄时强化免疫一次。

（三）猪喘气病

猪喘气病是由肺炎支原体引起猪的慢性呼吸道传染病。乳猪和仔猪的发病率和死亡率较高，多散发、四季均可发生，但以寒冷潮湿的季节多发。新疫区多呈急性暴发，死亡率较高。老疫区多表现为慢性和隐性，死亡率较低，导致猪群抵抗力下降，饲养经济效益降低。

1. 主要症状

不愿走动、呆立一隅、动则气喘，严重者呈犬坐呼吸，张口喘气，发出喘鸣声，轻微咳嗽，采食和剧烈运动后咳嗽加剧，体温一般正常，合并感染后体温升高可致 40℃。

2. 病理变化

急性死亡病例可见肺脏有不同程度的水肿和气肿，早期病变发生在心叶，呈淡红色和灰红色，半透明状，病变部位界限明显，像鲜嫩的肌肉样，俗称"肉变"。随着病程的延长和加重，病变部位转为浅红色、灰白色或灰红色，半透明状态减轻，俗称"虾肉样变"。继发细菌感染时出现纤维素性、化脓性和坏死性病变。

3. 治疗

猪喘气病治疗抗菌用壮观霉素、卡那霉素、泰乐霉素交替肌注治疗，并用土霉素拌料喂服，平喘用氨茶碱。中药治疗用麻杏石甘汤加味（麻黄、杏仁、石膏、甘草、黄芩、百部、板蓝根、桑叶、枇杷叶、马兜铃、麦冬、桔梗、贝母）煎汤灌服。

4. 猪肺炎支原体的防治措施

（1）加强饲养管理。尽可能自繁自养及全进全出；保持舍内空气新鲜，增强通风减少尘埃，及时清除干稀粪降低舍内氨气浓度；断奶后 10~15d 内仔猪环境温度应为 28~30℃，保育阶段温度应在 20℃以上，最少不低于 16℃。保育舍、产房还要注意减少温差，同时注意防止猪群过度拥挤，对猪群进行定期驱虫；尽量减少迁移，降低混群应激；避免饲料突然更换，定期消毒，彻底消毒空舍等。

（2）药物控制。使用抗生素可减缓疾病的临床症状和避免继发感染的发生。常用的抗生素有四环素类、泰乐菌素、林肯霉素、氯甲砜霉素、泰妙灵、螺旋霉素、奎诺酮类（恩诺沙星、诺氟沙星等），但总的来说，使用抗生素不会阻止感染发生，且一旦停止用药，疾病很快就会复发。另外，由于是防御性措施，通常使用的抗生素浓度较低，这易导致病原体产生耐药性，以后再用类似药物效果就不好。值得注意的是猪肺炎支原体对青霉素，阿莫西林，羟氨苄青霉素，头孢菌素Ⅱ，磺胺二甲氧嘧啶，红霉素，竹桃霉素和多黏菌素都有抗药性。

（3）综合防治措施。应针对该病考虑使用综合防治措施：对于未感染猪肺炎支原体的猪群来说，感染猪肺炎支原体的可能性很大，如距离感染猪群较近、猪群过大、离生猪贩运的主干道太近，这些都极易导致支原体传播与感染。由于猪肺炎支原体是靠空气传播的，这也给保护未感染猪群带来难度。在猪饲养密度过高的地区，问题犹为棘手，未感染猪群很可能会出现持续反复的感染。以上几种措施，无论是加强饲养环境管理、使用抗生素、还是采取根除措施，都不是防治喘气病的理想方案，它们都无法给猪整个生长周期提供全程保护，使猪免受猪肺炎支原体的感染。有条件的猪场应尽可能实施多点隔离式生产技术，也可考虑利用康复母猪基本不带菌，不排菌的原理，使用各种抗生素治疗使病猪康复，然后将康复母猪单个隔离饲养、人工授精，培育健康繁殖群。严重为害地区也可全程药物控制。方法如下。

①怀孕母猪分娩前 14~20d 以支原净、利高霉素或林可霉素、克林霉素、氟甲砜霉素等投药 7d。②仔猪 1 日龄口服 0.5mL 庆大霉素，5~7 日龄、21 日龄 2 次免疫喘气病灭活苗。仔猪 15 日龄、25 日龄注射恩诺沙星一次，有腹泻严重的猪场断奶前后定期用药，可选用支原净、利高霉素、泰乐菌素、土霉素、氟甲砜霉素复方等。③保育猪、育肥猪、怀孕母猪脉冲用药，可选用 20~40mg/kg 土霉素肌注，首次量加倍，也可对群体猪使用土霉素纯粉及复方新诺明原粉拌料，剂量为前 5d 用 500g 复方新诺明加 250kg 饲料，5d 后以每 250g 土霉素配 250kg 饲料再用 5d。④根据猪群背景要求加强对猪瘟、猪繁殖与呼吸综合征、猪萎缩性鼻炎、链球菌病、弓形体病的免疫与控制。

总之，在搞好全进全出，加强管理与卫生消毒工作，提高生物安全标准的基础上，加强对怀孕母猪尤其是初产母猪隐性感染和潜伏性感染的药物控制，加强仔猪特别是初产母猪所产仔猪的早期免疫，及时检疫，立即隔离发病猪，并根据猪群具体健康状况采取定期用药，预防用药等措施是控制场内支原体为害的关键。

（四）猪萎缩性鼻炎

猪萎缩性鼻炎是由波氏杆菌和多杀性巴氏杆菌联合感染引起猪的慢性呼吸道传染病。其中仔猪最易感，6~8 周龄发病较多，发病率一般随猪年龄的增加而下降，多呈现散发和地方流行。

1. 主要症状

患病猪鼻炎、鼻梁变形和鼻甲骨萎缩，呼吸困难、吸气时鼻孔张开和明显的张口呼吸，发出鼾声和喘鸣声，响如拉锯声或口哨声，鼻炎时鼻泪管阻塞泪液流出眼外，形成明显的月牙痕，严重的面部变形，甚至引起脑炎和肺炎，发病猪生长停止。

2. 病理变化

特征性病理变化是鼻腔软骨和鼻甲骨软化和萎缩，最常见的是鼻甲骨下卷曲，重者鼻甲骨消失。

3. 治疗

猪萎缩性鼻炎的治疗用磺胺嘧啶钠和长效土霉素、卡拉霉素等交替给药治疗，连续一周。中兽药治疗可用辛夷散加味（酒黄柏、酒知母、沙参、木香、郁金、明矾、细辛、辛夷、黄芩、贝母、白芷、苍耳子、百部、麦冬）煎汤灌服，并用药液冲洗鼻腔。

4. 预防

加强饲养管理，保持猪舍的清洁、干燥、卫生、定期消毒、避免阴冷、潮湿、寒凉的圈舍环境。饲喂时尽量减少饲料的粉尘，防止异物刺激诱发此病。对有明显症状的猪进行隔离或淘汰。妊娠母猪于产前两个月和一个月分别接种波氏杆菌和巴氏杆菌灭活油剂二联苗，以提高母源抗体滴度，保护初生仔猪免受感染。对于仔猪可于 21 日龄免疫接种波氏杆菌和巴氏杆菌二联苗，并于一周后加强免疫一次。公猪每年注射一次。预防性给药母猪妊娠最后一个月饲料中添加磺胺嘧啶钠粉 0.1g/kg 或土霉素粉 0.4g/kg。乳猪出生 3 周内可用庆大小诺霉素注射液预防性注射 3～4 次，并结合鼻腔喷雾 3～4 次直到断奶。育成猪预防也可添加磺胺粉，但宰前一个月应停药。

（五）猪链球菌病

猪链球菌病是由多种血清型的链球菌引起多种传染病的总称，主要特征为急性败血症和脑炎，慢性关节炎和心内膜炎。患病猪、隐性感染猪和康复带菌猪是主要的传染源。经呼吸道、消化道和受损的皮肤黏膜均可感染，以哺乳和断奶仔猪最易感。疾病一年四季均可发生，但以 5—10 月气候炎热时多发。

1. 主要症状

猪链球菌病临床上主要分为急性败血病型、脑膜炎型和淋巴结脓肿型 3 个类型。

猪败血型链球菌病最急性突然发病，多不见异常突然死亡，或者食欲废绝、卧地不起、体温 41～42℃、呼吸迫促常在 1d 内死亡。急性型体温 42～43℃、高热稽留、眼结膜潮红、流泪、呼吸急促、间或咳嗽，常在耳、颈、腹下、四肢下端皮肤出现紫红色和出血点，多于 3～5d 死亡。慢性多由急性转化而来，表现为关节炎、关节肿大、高度跛行、有疼痛感、严重者瘫痪，多预后不良。

猪链球菌病脑膜炎型多发于哺乳和断奶仔猪，体温升高、绝食、便秘、流浆液和黏液性鼻液、盲目走动、步态不稳、转圈运动、触动时敏感并尖叫和抽搐、口吐白沫、倒地时四肢游动，多在 1～2d 内死亡。

猪淋巴结脓肿型链球菌病主要表现为颌下、咽部、颈部等处的淋巴结化脓和脓肿，病猪体温升高，食欲减退，常由于脓肿压迫导致咀嚼、吞咽困难、甚至呼吸障碍，脓肿破溃、浓汁排尽后逐渐康复，但长期带毒，成为传染源。

2. 病理变化

败血型病猪血凝不良，皮肤有紫斑，黏膜浆膜和皮下出血。胸腔积液，全身淋巴结水肿充血，肺充血水肿，心包积液，心肌柔软，色淡呈煮肉样。脾脏肿大呈暗红或紫蓝色，柔软易碎，包膜下有出血点，边缘有出血梗塞区。肾脏肿大，皮质髓质界限不清有出血点。胃肠黏膜浆膜有小出血点。脑膜和脊髓软膜充血、出血。关节炎病变是关节囊膜面充血、粗糙，关节周围组织有化脓灶。

3. 治疗

发病早期抗菌可选用青霉素、阿莫西林、庆大霉素、磺胺嘧啶钠一天两次，连续一个星期进行治疗，直到症状消失，解热可用安乃近，消炎用地塞米松，化脓疱首先排尽脓汁，然后用3%的双氧水或0.3%的高锰酸钾进行清洗，再涂撒磺胺粉。中兽药治疗用清瘟败毒饮（生地、黄连、黄芩、丹皮、石膏、知母、甘草、竹叶、犀角、玄参、连翘、栀子、白芍、桔梗）。

4. 预防

免疫是预防本病的主要措施，可用猪链球菌病灭活疫苗每头皮下注射3~5mL，或者用猪败血性链球菌病弱毒疫苗，每头皮下注射1mL或口服4mL，免疫期一般6个月。

药物预防：常在流行季节添加土霉素、四环素、金霉素，每吨饲料添加600~800g，连续饲喂一周。有病例发生时每吨饲料添加阿莫西林300g、磺胺二甲氧嘧啶钠400g连续饲喂一周。也可以每吨饲料添加11%的林可霉素500~700g、磺胺嘧啶200~300g、抗菌增效剂50~90g连续饲喂一周。

保持圈舍清洁、干燥和通风，建立严格的消毒制度，外地引种实行隔离观察45d后方可混群，发现病例及时隔离，对圈舍彻底消毒，对可疑猪药物预防或紧急接种。病死猪严禁宰杀和出售，一律按要求进行深埋（一般不低于2m）和化制等无害化处理。

（六）猪伪狂犬病

猪伪狂犬病是由伪狂犬病毒引起猪的一种急性传染病。一般散发，呈地方流行性，常以冬春季多发。仔猪年龄越小发病率和死亡率越高，随着年龄的增加而下降。带毒猪、鼠是主要的传染源，主要经消化道传播，也可经损伤的皮肤以及呼吸道和生殖道传播。

1. 主要症状

仔猪体温升高，精神委顿、厌食、呕吐、有的呼吸困难、呈腹式呼吸，然后出现神经症状全身抖动，运动失调，状如酒醉，做前进和后退运动，阵发性痉挛，倒地后四肢划动，最后昏迷死亡，部分耐过猪出现偏瘫，发育受阻。怀孕母猪表现为发热、咳嗽、常发生流产、死胎、木乃伊胎和产弱仔，弱仔表现为尖叫、痉挛、不吸吮乳汁、运动失调，常于1~2d内死亡。

2. 病理变化

一般无特征性病理变化，有神经症状的仔猪脑膜充血、出血和水肿，脑脊液增多。肺水肿，有小叶间质性肺炎病变。扁桃体、肝、脾均有灰白色小坏死灶。全身淋巴结肿胀出血。肾布满针点样出血点，胃底黏膜出血，流产胎儿的脑和臀部皮肤有出血点，肾和心肌出血。

3. 治疗

一般施以对症治疗，尚无特效药物。中兽药用镇心散加味（朱砂、栀子、麻黄、茯神、远志、郁金、防风、党参、黄芩、黄连、女贞子、白芍、柴胡、金银花、板蓝根、连翘）煎汤灌服。

4. 预防

猪舍灭鼠对预防伪狂犬病有重要意义。引进猪要实行严格的隔离观察，严禁引入带病猪。流行地区可进行免疫接种，用伪狂犬病弱毒疫苗、野毒灭活苗和基因缺失苗，但在同一头猪只能用一种基因缺失苗，避免疫苗毒株间的重组。疫苗接种不能消灭本病，只能缓解发病后的症状，所以无病猪场一般禁用疫苗。发病时要立即隔离和扑杀病猪，尸体销毁和深埋，疫区内的未感染动物实行紧急免疫接种，圈舍用具及污染的环境，用2%的氢氧化钠、20%的漂白粉彻底消毒，粪便发酵处理。

（七）猪魏氏梭菌病

魏氏梭菌病，是由产气荚膜梭菌引起的传染病，各年龄段猪不分性别，一年四季均可发病。发病率不高，但死亡率极高，是严重为害养猪业的重要疾病。

1. 临床症状

最急性型发病猪病程极短，临床上几乎见不到症状，突然死亡。急性型表现体温升高到40.5℃，腹部明显膨胀，耳尖、蹄部、鼻唇部发绀，精神不振，食欲减少。有的出现神经症状，跳圈，怪叫，接着倒地不起，口吐白沫或红色泡沫。

2. 病理变化

解剖病死猪，胸腹腔有黄色积液，肠系膜和腹股沟淋巴结出血，心包积液，肝肿大，质地脆，易碎，脾肿大，有出血点，气管及支气管中有白色或红色泡沫，胃出现膨胀，胃黏膜完全脱落，有出血斑。其他无明显病变。

3. 防治措施

对猪魏氏梭菌病的防治一般采取综合性治疗措施。一是用支梅素+维生素 C+5%的葡萄糖静脉滴注，2 次/d，连续 3d 治疗，未有发病症状的猪可用痢菌净拌食吃，2 次/d，连续 3d 治疗。二是隔离发病猪，栏舍消毒，每天 1 次，连续 1 周，消毒药用 10%的生石灰，20%绿卫等交替使用，饲槽、饮水用具用 0.01%的高锰酸钾水溶液清洗。病死猪无害化处理，然后深埋。

（八）猪肺疫

猪肺疫是由多杀性巴氏杆菌所引起的一种急性传染病（猪巴氏杆菌病），俗称"锁喉风""肿脖瘟"。各种年龄的猪都可感染发病。发病一般无明显的季节性，但以冷热交替、气候多变，高温季节多发，一般呈散发性。急性或慢性经过，急性呈败血症变化，咽喉部肿胀，高度呼吸困难。

1. 临床症状

根据病程长短和临床表现分为最急性、急性和慢性型。最急性型：未出现任何症状，突然发病，迅速死亡。病程稍长者表现体温升高到 41~42℃，食欲废绝，呼吸困难，心跳急速，可视黏膜发绀，皮肤出现紫红斑。咽喉部和颈部发热、红肿、坚硬，严重者延至耳根、胸前。病猪呼吸极度困难，常呈犬坐姿势，伸长头颈，有时可发出喘鸣声，口鼻流出白色泡沫，有时带有血色。一旦出现严重的呼吸困难，病情往往迅速恶化，很快死亡。死亡率常高达100%。急性型：本型最常见。体温升高至40~41℃，初期为痉挛性干咳，呼吸困难，口鼻流出白沫，有时混有血液，后变为湿咳。随病程发展，呼吸更加困难，常作犬坐姿势，精神不振，食欲不振或废绝，皮肤出现红斑，后期衰弱无力，卧地不起，多因窒息死亡。病程5~8d，不死者转为慢性。慢性型：主要表现为肺炎和慢性胃肠炎。时有持续性咳嗽和呼吸困难，关节肿胀，常有腹泻，食欲不振，营养不良，有痂样湿疹，极度消瘦，病程2周以上，多数发生死亡。

2. 病理变化

最急性型：全身黏膜、浆膜和皮下组织有出血点，尤以喉头及其周围组织的出血性水肿为特征。切开颈部皮肤，有大量胶冻样淡黄或灰青色纤维素性浆液。全身淋巴结肿胀、出血。

急性型：除了全身黏膜、实质器官、淋巴结的出血性病变外，特征性的病变是纤维素性肺炎，胸膜与肺粘连，肺切面呈大理石纹，胸腔、心包积液，气管、支气管黏膜发炎有泡沫状黏液。

慢性型：肺肝变区扩大，有灰黄色或灰色坏死，内有干酪样物质，有的形成空洞，高度消瘦，贫血，皮下组织见有坏死灶。

3. 防治措施

最急性病例由于发病急，常来不及治疗，病猪已死亡。青霉素、链霉素和四环素类抗生素对猪肺疫都有一定疗效。也可与磺胺类药物配合用，在治疗上特别要强调的是，本菌极易产生抗药性，因此有条件的应做药敏试验，选择敏感性药物治疗。

每年春秋两季定期注射猪肺疫弱毒菌苗；对常发病猪场，要在饲料中添加抗菌药进行预防。

发生本病时，应将病猪隔离、严格消毒。对新购入猪隔离观察一个月后无异常变化再合群饲养。

（九）猪传染性胃肠炎

猪传染性胃肠炎又称幼猪的胃肠炎，冬泻，是一种高度接触传染病，以呕吐、严重腹泻、脱水，致两周龄内仔猪高死亡率为特征的病毒性传染病。各种年龄的猪都可感染，多以冬季寒冷季节多发，特别寒冷季节潮湿猪场容易流行。

1. 临床症状

一般2周龄以内的仔猪感染后12~24h会出现呕吐，继而出现严重的水样或糊状腹泻，粪便呈黄色，常夹有未消化的凝乳块，恶臭，体重迅速下降，仔猪明显脱水，发病2~7d死亡，死亡率达100%；在2~3周龄的仔猪，死亡率在10%。断乳猪感染后2~4d发病，表现水泻，呈喷射状，粪便呈灰色或褐色，个别猪呕吐，在5~8d后腹泻停止，极少死亡，但体重下降，常表现发育不良，成为僵猪。冬季育肥猪发病表现水泻，呈喷射状，呕吐，在7d后腹泻停止，极少死亡，表现良性病程。

2. 防治措施

治疗药物可用痢菌净，土霉素类拌料饲喂，注射恩诺沙星类注射液以及中药白头翁汤加味（白头翁、黄连、黄柏、秦皮、金银花、陈皮、苍术、茯苓，）煎汤灌服，一日两次。同时保持圈舍干燥，注意防寒保暖，及时清除粪污，及时隔离病畜，彻底消毒圈舍。预防用传染性胃肠炎和流行性腹泻二联弱毒疫苗，春秋两次免疫。

（十）猪瘟

猪瘟是由猪瘟病毒引起的急性、热性、高度接触性传染病。主要特征是高热稽留，细小血管壁变性，组织器官广泛性出血，脾脏梗死。强毒株感染呈流行性，中等毒力株感染呈地方流行性，低毒力株感染呈散发性。病猪和带毒猪（特别是迟发性病猪）是主要的传染源。各个年龄段的猪均易感。直接接触感染为主要传播方式，一般经呼吸道、消化道、结膜和生殖道黏膜感染，也可经胎盘垂直传播。发病无明显的季节性，一般以春秋多发。

1. 主要症状

根据猪瘟病猪的临床症状，可分为急性、慢性、迟发性和温和性4种类型。

（1）急性型：病猪精神萎靡、呈弓背弯腰或皮紧毛乍的怕冷状、垂尾低头，食欲减少或停食，体温42℃以上。病初便秘、腹泻交替、后期便秘，粪如算珠呈串或单粒散落，有的伴有呕吐。眼结膜炎，两眼有黏液性和脓性分泌物，严重时糊住眼睑。随着病程发展出现步态不稳，后躯麻痹。腹下、耳和四肢内侧等皮肤充血，后期变为紫绀区，密布全身（除前背部）。大多数在发病后 10~20d 内死亡。

（2）慢性型：病程分为三期，早期食欲不振，精神沉郁，体温升高 41~42℃，白细胞减少。随后转入中期，食欲和一般症状改善，体温正常或略高，白细胞仍偏低，后期又出现食欲减退和体温升高，病猪病情的好转与恶化交替反复出现，生长迟缓，常持续 3 个月以上，最终死亡。

（3）迟发型：是由低毒力猪瘟病毒持续感染，引起怀孕母猪繁殖障碍。病毒通过胎盘感染胎儿，可引起流产、产木乃伊、畸形胎和死胎，以及有颤抖、嘶叫、抵墙症状的弱仔和外表健康的感染仔猪。胎盘内感染的外表健康仔猪终生有高浓度的病毒血症，而不产生对猪瘟病毒的中和抗体，是一种免疫耐受现象。子宫内感染的外表健康仔猪在出生后几个月表现正常，随后出现食欲不振，结膜炎，皮炎，下痢和运动失调，体温不高，大多数存活 6 月龄以上，但最终死亡。

（4）温和型猪瘟：又称"非典型猪瘟"。体温一般 40~41℃，皮肤一般无出血点，腹下多见瘀血和坏死，耳部和尾巴皮肤发生坏死，常因合并感染和继发感染而死亡。

2. 病理变化

急性亚急性病例是以多发性出血为主的败血症变化。呼吸道、消化道、泌尿生殖道有卡他性、纤维素性和出血性炎症反应。具有诊断意义的特征性病变是脾脏边缘有针尖大小的出血点并有出血性梗死，突出于脾脏表面呈紫黑色。肾脏皮质有针尖大小的出血点和出血斑。全身淋巴结水肿，周边出血，呈大理石样外观。全身黏膜、浆膜、会厌软骨、心脏、胃肠、膀胱及胆囊均有大小不一的出血点或出血斑。胆囊和扁桃体有溃疡。

慢性病例特征性病变是在回盲瓣口和结肠黏膜，出现坏死性、固膜性和溃疡性炎症，溃疡突出于黏膜似纽扣状。肋骨突然钙化，从肋骨、肋软骨联合到肋骨近端，出现明显的横切线。黏膜、浆膜出血和脾脏出血性梗死病变不明显。

迟发性：特征性病变是胸腺萎缩，外周淋巴器官严重缺乏淋巴细胞和发生滤泡，胎儿木乃伊化，死产和畸形，死产和出生后不久死亡的胎儿全身性皮下水肿。胸腔和腹腔积液，皮肤和内脏器官有出血点。

3. 诊断要点

临床上通过流行病学、临床症状、病理变化，可以作出初步诊断。必要时可以进行实验室诊断利用荧光抗体病毒中和试验，方法是采取可疑病猪的扁桃体、淋巴结、肝、肾等制作冰冻切片，组织切片或组织压片，用猪瘟荧光抗体处理，然后在荧光显微镜下观察，如见细胞中有亮绿色荧光斑块为阳性，呈现清灰和橙色为阴性，2~3h 即可作出诊断。也可用兔体交互免疫试验，即将病料乳剂接种家兔，经7d 后再用兔化猪瘟病毒给家兔静脉注射，每隔 6h 测温一次，连续3d，如发生定型热反应则不是猪瘟，如无发热和其他反应则是猪瘟（原理是猪瘟病毒可使家兔产生免疫但不发病，而兔化猪瘟病毒能使家兔产生发热反应）。

4. 防治措施

平时的预防原则是杜绝传染源的传入和传染媒介的传播，提高猪群的抵抗力。严格执行自繁自养，从非疫区引进生猪要及时免疫接种，隔离观察 45d 以上。保持圈舍清洁卫生，定期消毒，凡进场工作人员、车辆和饲养用具都必须经过严格的消毒方可入场，严禁非工作人员、车辆和其他动物进入猪场，加强饲养管理，采用残羹饲喂要充分煮沸，对患病和疑似感染动物要紧急隔离，病死动物实行严格的无害化处理深埋或焚烧。加强对生猪出栏、屠宰、运输和进出口的检疫。

预防接种是预防猪瘟的主要措施，用猪瘟兔化弱毒苗，免疫后4d 产生免疫力，免疫期 1 年以上。建议 28 日龄首免，60 日龄 2 次免疫接种。另外，也可以在仔猪出生后立即接种猪瘟疫苗，2h 后再哺乳，对发生猪瘟时的假定健康猪群，每头的剂量可加至 2~5 头份。

（十一）猪繁殖与呼吸综合征（蓝耳病）

猪繁殖与呼吸综合征又称猪蓝耳病，是由猪繁殖与呼吸综合征病毒引起猪的高度接触性传染病。主要特征为发热，繁殖障碍和呼吸困难。病猪和带毒猪是主要的传染源，主要经呼吸道感染，也可垂直传播，亦可经自然交配和人工授精传播。感染无年龄差异，主要感染能繁母猪和仔猪，育肥猪发病温和。饲养卫生环境差、密度大、调运频繁等因素都可促使本病的发生。

1. 主要症状

不同年龄和性别的猪感染后差异很大，常为亚临床型。

母猪感染后精神沉郁，食欲下降或废绝，发热，呼吸急促，一般可耐过。妊娠后期流产、早产、产死胎、木乃伊胎、弱仔或超过妊娠期不产仔。有的6周后可正常发情，但屡配不孕和假妊娠。少数耳部发紫或黑紫色，皮下出现一过性血斑。

仔猪发病表现毛焦体弱，呼吸困难，肌肉震颤，后肢不稳或麻痹，共济失调，昏睡，有时还发生结膜炎和眼周水肿。有的耳紫或黑紫色以及躯体末端皮肤紫绀，死亡率高。较大日龄的仔猪死亡率低，但育成期生长发育不良。

肥育猪双眼肿胀，结膜发炎，腹泻，并伴有呼吸加快，喘粗，一般可耐过。但严重病例出现后驱摇摆、拖曳，常于1~2d内死亡。

公猪食欲不振，精神倦怠，咳嗽、喷嚏，呼吸急促，运动障碍，性欲减弱，精液品质下降，有时伴有一侧或两侧睾丸炎，红肿和两侧睾丸严重不对称。

2. 病理变化

母猪、公猪和肥猪可见弥漫性间质性肺炎，并伴有细胞浸润和卡他性炎。流产胎儿可见胸腔积有多量清亮液体，偶见肺实变。

3. 治疗

尚无特效治疗药物，多采用对症治疗和注射抗菌素防治继发感染，降低死亡率。抗菌素可选用氟苯尼考，强力霉素，泰妙菌素，氧氟沙星等。中药用理肺散加味（理肺散：知母、栀子、蛤蚧、升麻、天门冬、麦冬、秦艽、薄荷、马兜铃、防己、枇杷叶、白药子、天花粉、苏子、山药、贝母、加味党参、白术、五味子、生地）煎汤喂服和拌料饲喂。

4. 防治措施

实行自繁自养，严禁从疫区引进猪只，若确需引种，应从非疫区引进，并实行严格的隔离观察，一般隔离饲养 45d 以上，并进行两次以上的血清学检查，阴性者方可混群饲养。改善饲养卫生条件，定期消毒，注意防寒保暖和祛暑降温，减少猪群应急和饲养密度。增强防疫意识，严格执行免疫程序，每年春秋用猪蓝耳病弱毒疫苗进行两次免疫接种，最好在首免后 14d 加强免疫一次以增强猪群的抵抗力。

三、中毒病防治

（一）黄曲霉毒素中毒

黄曲霉毒素中毒是生猪采食了经黄曲霉和寄生曲霉污染的玉米、麦类、豆类、花生、大米及其副产品酒糟、菜籽粕后，由黄曲霉和寄生曲霉产生的有毒代谢产物黄曲霉毒素损伤机体肝脏，并导致全身出血、消化功能紊乱和神经症状的一种霉败饲料中毒病。一年四季均可发生，但以潮湿的梅雨季节多发。多为散发，仔猪中毒严重，死亡率高。

1. 主要症状

中毒症状一般分为急性、亚急性、慢性 3 类，急性多见于仔猪，尤以食欲旺盛健壮的仔猪发病率高，多数不表现症状突然死亡。亚急性体温升高，精神沉郁，食欲减退或丧失，可视黏膜苍白，后期黄染，四肢无力，间歇性抽搐，2~4d 内死亡。慢性多见于成年猪，食欲减少，明显厌食，逐渐消瘦，生长停止，可视黏膜黄染，被毛粗乱泛黄，后期出现神经症状，多预后不良。

2. 治疗

目前，尚无特效治疗药，排毒可投服硫酸镁、人工盐加速胃肠毒物排出，保肝解毒可用 20%~50% 的葡萄糖注射液、维生素 C，止血用 10% 氯化钙、维生素 K。中兽药用天麻散（党参、茯苓、防风、薄荷、蝉蜕、首乌、荆芥、川芎、甘草）拌料喂服。

3. 预防

不用发霉的饲料饲喂家畜。防止饲料发霉，加强饲料的仓储管理，严格控制饲料的含水量，分别控制在谷粒类 12%、玉米 11%、花生仁 8% 以下，潮湿梅雨季节还可用化学防霉剂丙酸钠、丙酸钙每吨饲料添加 1~2kg 防止饲料霉变。霉变饲料直接抛弃将加重经济损失，可用碱性溶液浸泡饲料，使黄曲霉毒素结构中的内酯环破坏，形成能溶于水的香豆素钠盐，然后用水冲洗去除毒素，再作饲料使用。

（二）菜籽饼中毒

菜籽饼中毒是由于长期和大量采食油菜籽榨油后的菜饼，由于菜籽饼含有含硫葡萄糖苷，经降解后可生成有毒物异硫氰酸酯、噁唑烷硫酮和腈，引起肺、肝、肾和甲状腺等器官损伤和功能障碍的一种中毒病。多为慢性散发，全国各地都有发生。

1. 主要症状

患畜精神沉郁，呼吸急促，鼻镜干燥，四肢发凉，腹痛，粪便干燥，食欲减退和废绝，尿频，瞳孔散大，呈现明显的神经症状，呼吸困难，两眼突出，痉挛抽搐，倒地死亡。慢性病例精神萎靡，消化不良，生长停滞，发育不良。

2. 治疗

目前尚无特殊疗法，主要是对症治疗，发现病例立即停喂菜籽饼，急性大量采食的，可用芒硝、鱼石脂加水灌服排出胃肠毒物，同时静脉注射葡萄糖、安钠咖、氯化钠，以保肝、强心、利尿解毒。中兽药可用甘草、绿豆研末加醋灌服。

3. 预防

（1）限制日粮中菜籽饼的饲喂量，母猪和仔猪添加量不超过5%，肥育猪添加量不超过10%。

（2）菜籽饼去毒处理后饲喂家畜，方法是将菜籽饼用水拌湿后埋入土坑中30~60d后再作饲料使用。

（3）与其他饼类搭配使用增加营养互补，减少菜籽饼用量，防止过量中毒。

（三）亚硝酸盐中毒

亚硝酸盐中毒是动物摄入过量的含有硝酸盐和亚硝酸盐的植物和水，引起高铁血红蛋白症，造成病畜体内缺氧，导致呼吸中枢麻痹而死亡。当生猪采食富含硝酸盐的白菜、甜菜叶、萝卜菜、牛皮菜、油菜叶以及幼嫩的青饲料后引起中毒，特别是青绿多汁饲料经暴晒和雨淋或堆积发黄后饲喂最易中毒。有喂熟食习惯的地区，采用锅灶余温加热饲料和焖煮饲料易使硝酸盐转化为亚硝酸盐而导致家畜中毒。病程短，发病急，一年四季均可发生，常于采食后 15min 至 1～2h 发病，食欲旺盛、精神良好的猪最先发病死亡。

1. 主要症状

主要表现为呕吐、口吐白沫、腹部膨胀，呼吸困难、张口伸舌、耳尖、可视黏膜呈蓝紫色，皮肤和四肢发凉，体温大多下降到 35～36℃，针刺耳静脉和剪断尾尖流出紫黑色血液，四肢痉挛和全身抽搐，最后窒息死亡。

2. 治疗

发现亚硝酸盐中毒时应紧急抢救，可用特效解毒药亚甲蓝静脉注射和肌内注射，并同时配合维生素 C 和高渗葡萄糖效果好。

3. 预防

严禁用堆积发黄的青绿饲料特别是菜叶饲喂家畜，改熟食饲喂为生食，青饲料加工贮藏过程中要注意迅速干燥，严防饲料长期堆积发黄后再干燥贮藏。加强亚硝酸盐中毒知识的宣传，也是预防此病的关键。

（四）有机磷农药中毒

有机磷农药中毒是家畜采食和吸入某种有机磷制剂的农药，引起体内胆碱酯酶活性受抑制，从而导致神经机能紊乱为特征的中毒性疾病，一年四季均可发生，但以农药使用多的春夏秋季居多。常用的有机磷农药主要有乐果、甲基内吸磷、杀螟松、敌百虫和马拉硫磷等。

1. 主要症状

采食有机磷农药和被农药污染的饲料后，最短的 30min，最长的 8～10h 出现症状，主要表现为大量流涎，口吐白沫，磨牙，烦躁不安，眼结膜高度充血，瞳孔缩小，肠蠕动音亢进，呕吐腹泻，肌肉震颤，全身出汗，四肢软弱，卧地不起，常因肺水肿而窒息死亡。

2. 治疗

停喂有毒饲料，用硫酸铜和食盐水洗胃，清除胃内尚未吸收的有机磷农药，急救用特效解毒药硫酸阿托品、碘解磷定、双复磷等，硫酸阿托品为乙酰胆碱对抗剂，首次给药必须超量给药，猪按 0.5～1mg/kg 给药，若给药后 1h 症状未改善，可适量重复用药。碘解磷定为胆碱酯酶复活剂，使用越早效果越好，否则胆碱酯酶老化则难以复活，碘解磷定按 20~50mg/kg 体重给药，溶于葡萄糖或者生理盐水中静脉注射和皮下注射，对内吸磷、对硫磷、甲基内吸磷疗效好。但碘解磷定在碱性溶液中易水解成剧毒的氰化物，故忌与碱性药物配伍。双复磷作用强而持久，能透过血脑屏障对中枢神经症状有缓解作用，猪按 40~60mg/kg 体重给药，肌注和静注，对内吸磷、甲拌磷、敌敌畏、对硫磷中毒疗效好。

3. 预防

（1）加强对农药购销、保管、使用的监管，严防农药泛滥使用，减少毒源。

（2）普及预防农药中毒知识的宣传，减少知识误区而引起的中毒。

（3）加强对饲料采收的管理，严防带毒采收和带毒饲喂。

四、寄生虫病

（一）猪蛔虫病

猪蛔虫病是蛔虫寄生于猪的小肠，引起猪的生长发育不良，消化机能紊乱，严重者甚至造成死亡的疾病。一年四季均可发病，以 3~6 月龄的猪感染严重，成年猪多以带虫猪为重要的传染源。

1. 主要症状

仔猪感染早期，虫体移行引起肺炎，轻度湿咳体温可升至 40℃，较严重者精神沉郁，食欲缺乏，营养不良，被毛粗乱无光，生长发育受阻成为僵猪。严重感染猪，呼吸困难，咳嗽明显，并有呕吐、甚至吐虫、流涎、腹胀、腹痛、腹泻等。寄生数量多时可以引起肠梗阻，表现疝痛，甚至引起死亡。虫体误入胆道管可引起胆道管阻塞出现黄疸，极易死亡。成年猪多表现为食欲不振、磨牙、皮毛枯燥、黄、无光、成索状等。

2. 治疗

用左旋咪唑片按 10mg/kg 混料喂服。连喂两天。也可用伊维菌素按 0.3mg/kg 皮下注射。

3. 预防

对散养户，仔猪断奶后驱虫一次，2 月龄时再驱虫一次。母猪在怀孕前和产仔前 1~2 周驱虫一次。育肥猪每隔 2 个月驱虫一次。规模养殖场，对全群猪驱虫后，每年对公猪至少驱虫两次，母猪产前1~2周驱虫一次，仔猪转入新圈和群时驱虫一次，后备母猪在配种前驱虫一次，新引进的猪驱虫后再合群。同时搞好圈舍环境卫生，垫草、粪便要发酵处理，产房和猪舍在进猪前要彻底冲洗、消毒。

（二）猪囊尾蚴病

猪囊尾蚴病是由猪带绦虫的幼虫寄生于猪的横纹肌所引起的疾病，又称"猪囊虫病"。幼虫寄生于肌肉时症状不明显，但寄生于脑组织时出现神经症状，病情严重。猪囊尾蚴成虫寄生于人的小肠，是重要的人畜共患病。寄生有猪囊尾蚴的猪肉切面可看见白色半透明的囊泡，似米粒镶嵌其中故称为米猪肉。人感染取决于饮食卫生习惯，有吃生肉习惯的地区成地方流行，吃了未经煮熟的猪肉也可感染。

1. 主要症状

猪囊尾蚴主要寄生在活动性较大的肌肉中，如咬肌、心肌、舌肌、腰肌、肩外侧肌、股内侧肌、严重时可见于眼球和脑内。轻度感染时症状不明显。严重感染时，体型可能改变，肩胛肌肉出现严重的水肿和增宽，后肢肌肉水中隆起，外观呈现哑铃状和狮子状，走路时四肢僵硬，左右摇摆，发音嘶哑，呼吸困难。重度感染时触摸舌根和舌腹面可发现囊虫引起的结节。寄生于脑内时引起严重的神经扰乱，鼻部触痛、癫痫、视觉扰乱和急性脑炎，有时突然死亡。

2. 治疗

用吡喹酮按50mg/kg灌服，硫双二氯酚30~80mg/kg拌料喂服。

3. 预防

（1）加强白肉检疫，对病猪肉化制处理。

（2）高发病地区对人群驱虫，排出的虫体和粪便深埋或烧毁。

（3）改善饲养方法，猪圈养，切断传播途径。

（4）加强卫生宣传，提高防范能力，不吃生肉和未煮熟的肉，减少人的感染从而减少虫卵排出再次感染的风险。

（三）猪细颈囊尾蚴病

猪细颈囊尾蚴病是由泡状袋绦虫的幼虫寄生于猪的腹腔器官而引起的疾病。主要特征为幼虫移行时引起出血性肝炎、腹痛和虫体大量寄生时引起机能障碍及器官萎缩损伤等。细颈囊尾蚴又称水铃铛，呈乳白色，囊泡状，囊内有大量液体，囊泡壁上有一个乳白色长颈的头节，外形鸡蛋大小，镶嵌于器官的表面，寄生于肺和肝脏的水铃铛由宿主组织反应产生的厚膜将其包裹，故不透明，应与棘球蚴病区别。

1. 主要症状

轻度感染一般不表现症状，仔猪感染后症状严重，有时突然大叫后倒毙。多数病畜表现为虚弱、不安、流涎、消瘦、腹痛、有急性腹膜炎时，体温升高并伴有腹水，腹部增大，按压有痛感。

2. 治疗

用吡喹酮 50mg/kg 喂服。

3. 预防

（1）发病地区对犬定期驱虫，防止虫卵污染饲料。

（2）禁止将患病动物的内脏，未经处理直接抛弃和喂犬，应深埋和烧毁，防止形成循环感染。

（3）加强饲养管理，猪圈养，减少感染途径。

（四）猪弓形虫病

猪弓形虫病是由龚地弓形虫寄生于猪的有核细胞而引起的疾病，主要引起神经症状、呼吸和消化系统症状，是重要的人畜共患传染病。主要经消化道感染，也可以经呼吸道和损伤的皮肤黏膜感染，一年四季均可感染发病，广泛流行。

1. 主要症状

急性型多见于年幼动物，突然废食，体温升高达 40℃ 呈稽留热，便秘或腹泻，有时粪便带有黏液和血液。呼吸急促，咳嗽。眼内出现浆液性和脓性分泌物。皮肤有紫斑，体表淋巴结肿胀。孕畜流产和产死胎。发病后数日出现神经症状，后肢麻痹。常发生死亡，耐过的转为慢性。

慢性型病程较长，表现为厌食、消瘦、贫血、黄疸。随着病情发展可出现神经症状，后肢麻痹。多数能够耐过，但合并感染其他疾病则可发生死亡。

2. 治疗

尚无特效治疗药。急性病例用磺胺-6-甲氧嘧啶 60～100mg/kg 内服，另加甲氧苄胺嘧啶增效剂 14mg/kg 内服，每日 1 次，连用 5

次。也可用磺胺嘧啶 70mg/kg 内服，每日两次，连用 4d。

3. 预防

（1）防治猫粪污染饲料、饮水。

（2）消灭鼠类，防治野生动物进入猪场。

（3）发现病患动物及时隔离，病死动物和流产胎儿要深埋和高温处理。

（4）禁止用病死动物的猪肉和内脏饲喂猫。

（5）搞好猪场环境卫生，做好粪污的无害化处理。

（五）猪疥螨病

猪疥螨病是由节肢动物蜘蛛纲、螨目的疥螨所引起的一种接触传染的寄生虫病，疥螨虫在猪皮肤上寄生，使皮肤发痒和发炎为特征的体表寄生虫病。由于病猪体表摩擦，皮肤肥厚粗糙且脱毛，在脸、耳、肩、腹等处形成外伤、出血、血液凝固并形成痂皮。该病为慢性传染病，多发生于秋冬季节由病猪与健康猪的直接接触，或通过被螨及其卵污染的圈舍、垫草和饲养管理用具间接接触等而引起感染。猪疥螨病对猪场的为害很大，尤其是对仔猪，严重影响其生长发育，甚至死亡，给养猪业造成了巨大的经济损失。

本病流行十分广泛，我国各地普遍发生，而且感染率和感染强度均较高，为害也十分严重。阴湿寒冷的冬季，因猪被毛较厚，皮肤表面湿度大，有利于疥螨的生长发育，病情较严重。

经产母猪过度角化（慢性螨病）的耳部是猪场螨虫的主要传染源。由于对公猪的防治强度弱于母猪，因而在种猪群公猪也是一个重要的传染源。大多数猪只疥螨主要集中于猪耳部，仔猪往往在哺乳时受到感染。

猪螨病的传播主要是通过直接接触感染。规模化猪场的猪群密度较大，猪只间密切接触，为螨病的蔓延提供了最佳条件，因此猪群分群饲养，生长猪流水式管理，以及按个体大小对仔猪进行分圈饲养均有助于螨病的传播。

1. 临床症状

猪疥螨病通常起始于头部、眼下窝、颊部和耳部等，以后蔓延到背部、体侧和后肢内侧。剧痒，病猪到处摩擦或以肢蹄搔擦患部，甚至将患部擦破出血，以致患部脱毛、结痂、皮肤肥厚，形成皱褶和龟裂。病情严重时体毛脱落，皮肤的角化程度增强、干枯、有皱纹或龟裂，食欲减退，生长停滞，逐渐消瘦，甚至死亡。疥螨引起的过敏反应严重影响猪的生长发育和饲料转化率。

2. 治疗方案

（1）0.5%~1%敌百虫洗擦患部，或用喷雾器淋洗猪体。

（2）蝇毒磷乳剂0.025%~0.05%药液喷洒或药浴。

（3）阿维菌素或伊维菌素，皮下注射0.3mg/kg。

（4）溴氰菊酯溶液或乳剂喷淋患部。

（5）双甲脒溶液药浴或喷雾。

（6）多拉菌素0.3mg/kg皮下或肌内注射。

3. 预防措施

（1）每年在春夏、秋冬换季过程中，对猪场全场进行至少两次以上体内、体外的彻底驱虫工作，每次驱虫时间必须是连续5~7d。

（2）加强防控与净化相结合，重视杀灭环境中的螨虫：因为螨病是一种具有高度接触传染性的外寄生虫病，患病公猪通过交配传给母猪，患病母猪又将其传给哺乳仔猪，转群后断奶仔猪之间又互相接触传染。如此，形成恶性循环，永无休止。所以需要加强防控与净化相结合，对全场猪群同时杀虫。但在驱虫过程中，大家往往忽视一个非常重要的环节，那就是环境驱虫以及猪使用驱虫药后7~10d内对环境的杀虫与净化，才能达到彻底杀灭螨虫的效果。

（3）在给猪体内、体表驱虫的过程中，螨虫感觉到有药物时，有部分反应敏感的螨虫就快速掉到地上，爬到墙壁上、屋面上和猪场外面的杂草上，此外，被病猪搔痒脱落在地上、墙壁上的疥螨虫体、虫卵和受污染的栏、用具、周围环境等也是重要传染源。如果不对这些环境同时进行杀虫，过几天螨虫就又爬回猪体上。

（4）环境中的疥螨虫和虫卵也是一个十分重要的传染源。很多杀螨药能将猪体的寄生虫杀灭，而不能杀灭虫卵或幼虫，原猪体上的虫卵3~5d后又孵化成幼虫，成长为具有致病作用的成虫又回到猪体上和环境中，只有此时再对环境进行一次净化，才能达到较好的驱虫效果。

（5）疥螨病在多数猪场得不到很好控制的主要原因在于对其为害性认识不足。在某种程度上，由于对该病的隐性感染和流行病学缺乏了解，饲养人员又常把过敏性螨病所致瘙痒这一主要症状，当作一种正常现象而不以为然，既忽视治疗，又忽视防控和环境净化，所以难以控制本病的发生和流行。

因此，必须重视螨虫的杀灭工作。加强对环境的杀虫，可用1∶300的杀灭菊酯溶液或2%液体敌百虫稀释溶液，彻底消毒猪舍、地面、墙壁、屋面、周围环境、栏舍周围杂草和用具，以彻底消灭散落的虫体。同时注意对粪便和排泄物等采用堆积高温发酵杀灭虫体。杀灭环境中的螨虫，这是预防猪疥螨最有效、最重要的措施之一。

第六章　发展黑猪产业的思路及建议

第一节　发展思路

按照"政府引导，市场运作，项目扶持，产业化经营"的工作思路，湘西黑猪产业应以市场为导向，以转变发展方式为主线，以龙头企业带动为依托，以打造特色优质品牌为突破口，努力构筑现代生猪生产体系。突出抓好猪源生产、家庭牧场建设、专用饲料生产体系、技术服务体系和新型产业发展模式等关键环节，积极破解产业发展的瓶颈。

一、建设黑猪种源基地

一是按国家畜禽品种资源保护的要求，建立和完善湘西黑猪品种资源保护体系，夯实湘西黑猪产业开发的基础。突出抓好湘西黑猪资源场建设，使湘西黑猪核心群保种规模不断扩大，确保湘西黑猪基因稳定，血缘家系不断丰富。二是建设好湘西黑猪种公猪站，提供优质公猪精液，改变湘西黑猪公猪生产和配种"多、乱、杂"的现象。三是建设湘西黑猪原种场，开展资源场选育优良湘西黑猪的扩群和提纯复壮工作，不断提高湘西黑猪整体质量，为实施猪源工程建设提供足够的优质种源。四是建设湘西黑猪扩繁场，选择良种母猪群体，加快育种速度，迅速扩大母猪群，提高母猪质量，培育产量高、品质好、生长速度快的湘西黑猪新品系。

二、建设黑猪家庭牧场示范场

按照"资源化利用、容量化控制、减量化排放、无害化处理、生态化发展"的原则，大力推行湘西黑猪1151模式，因地制宜适度发展规模标准化养殖，实施种养结合，实现养殖生态化、粪污处理无害化。

三、开发黑猪专用饲料体系

要根据湘西黑猪的生理机能，根据湘西黑猪不同生理阶段和不同育肥时期的营养需要进行科学配制饲料，并充分利用湘西黑猪抗逆性强、耐粗饲、农副产品利用率好的特点，充分利用湘西地区农副产品及附属产品，提高湘西黑猪肉质风味，降低饲养成本。

四、构架黑猪养殖服务体系

要建设湘西黑猪繁育工程技术研究、湘西黑猪标准体系研发、湘西黑猪产品研发等机构，通过"产、学、研"结合，积极探索适合湘西黑猪养殖的繁育技术、饲养管理技术、育肥技术、疾病防治技术以及粪污处理技术、饲料加工技术、产品加工技术等。进一步完善湘西黑猪养殖技术推广中心和各县市技术推广站建设，鼓励大型养猪场和养殖小区配套基层技术服务站，负责湘西黑猪养殖技术的推广普及，落实疫病防控，指导开展"三品一标"（无公害食品、绿色食品、有机食品、地理标志产品）认证工作，使湘西黑猪质量安全得到充分保障。

五、构架黑猪产业发展新模式

要以龙头企业为核心，实施"公司+基地+合作社+家庭牧场"的产业运作模式，公司建设生产基地，负责种源、技术、服务和加工，农户主要负责育肥。专业合作社负责开展信息交流、社员技能培训、畜产品质量标准与认证、畜牧业生产基础设施建设、市场营销和技术推广等。要提高养殖专业合作社组织化程度，增加合作社对农户的二次返利额度，增强社员的凝聚力，同时鼓励和支持合作社按市场运营办法实行上下游产业链对接，建立公司与农户间利益攸关的紧密联合，增强共同抵御市场风险的能力。

六、打造民族特色品牌、主营高端消费

黑猪是地方特色品种，在保持传统生态饲养习惯的基础上，引入现代养殖理念，不断选育更新，充分利用优质遗传基因，发展优质特色品系，并在此基础上着力打造具有地方特色、人文情怀的品牌产品。黑猪肉具有香味浓、肉质脆、营养价值高等特点，目前走大众消

费利润微薄，且受白猪肉消费占主导的影响，所以必须谋划高端消费市场，面对沿海经济发达城市和消费群体，由高端消费、健康消费引导大众消费逐渐转型而扩大市场。

七、发展旅游牧业、订单牧业

武陵山区被誉为周边城市的后花园，是旅游观光的好地方，随着人民生活水平的提高，对健康生活的要求也在提升，并对日益繁杂、喧闹的城市生活逐渐厌倦，会有更多的人走出城市到乡村旅游调节身心，我们可以建观光养殖场，让游客在欣赏自然风光之余，亲自体验、饲喂家畜，目睹健康绿色养殖，并在此基础上发展订单牧业，即旅游者可以根据自己的需要选择所需的生畜和饲料配方，由养殖场负责按个人要求饲养，旅游者也可以通过平时的旅游来观察饲喂，年底可以按旅游者的要求宰杀、熏制并邮寄；另外，特别要重视加大与城市大型肉联企业和生鲜肉连锁超市结合发展订单牧业。

第二节　发展建议

一、加强组织领导

建立政府主导，发改、财政、畜牧、国土、工商、税务、金融等部门密切配合、分工协作的工作机制，构建"一级抓一级、层层抓落实"的责任体系，共同推进湘西黑猪产业发展。

二、加大政策支持力度

结合湘西黑猪发展实际，及时出台产业鼓励政策，在土地、资金、人才等方面给予支持。按照整合资源、捆绑资金、集中扶持、以点带面的要求，多渠道筹集资金，扶持湘西黑猪产业发展。建议对湘西黑猪产业化建设实施"一保四补"的扶持政策。一保：对湘西黑猪能繁母猪开展政策性保险。四补：对能繁母猪给予补助；对品种资源场给予补助；对家庭牧场的标准化栏舍、粪污处理等基础设施建设给予补助；对家庭牧场贷款进行贴息。

三、大力发展黑猪养殖协会（养殖合作社），优化市场流通环节，拉长产业链条

一是抱团参与发展，多做引导、宣传牵线搭桥工作，支持养殖户

自己组建养殖合作组织，形成利益共同体，增强养殖户参与市场经营，抵御市场价格波动风险的能力。二是兴建武陵山区边贸活畜交易市场，为养殖户提供便利的活畜交易场所，让养殖户能上市自由交易，公平买卖。三是加快信息网络，咨询服务体系建设，组建信息咨询网络，为养殖户提供及时准确的市场信息，让养殖户了解市场行情，同时鼓励养殖户网上交易，跨市、省交易。

四、根据自身定位，适度发展

黑猪产业的发展要根据当地的实际情况，如地理位置、饲料资源、产品销路、市场需求等因素进行综合考量，适度理性发展，不能盲目跟风扩大生产，不能千篇一律一个思维。只有因地制宜、因人制宜、因时制宜，才能让人民增收而脱贫。

五、良心生产，诚信经营

黑猪产业是一个地方特色产业，黑猪肉产品是一个有机绿色产品，要保持它的自然、绿色、健康特性，必须用自己的良心去精细饲养、安全生产，不要让利益迷住了心窍、胡乱添加、舍本逐末而毁了产品原始生态的特性，也毁了地方特色产业。

参考文献

［1］ 张红伟，董永森．动物疫病［M］.北京：中国农业出版社，2009：1，29-56.

［2］ 褚秀玲，吴昌标．动物普通病［M］.北京：化学工业出版社，2009：9，7-10，155-171.

［3］ 规模化猪场免疫程序地址．中国养猪技术网，2012-11-27，2016.12.

［4］ 中国家畜起源论文集．百度文库，1993，2016.12.

［5］ 生猪饲养与繁殖技术．中国百科网，2016.12.

［6］ 袁欣欣．中国黑猪品种介绍．农业之友网，2016.7.6，2012.12.

编写：谭德俊　符大来　朱　麟　李　杨

草食畜牧产业

第一章　概　述

第一节　发展草食畜牧业的重要意义

湘西龙山位于湘、鄂、渝交界的武陵山区，经过近年来的扶贫攻坚，龙山县贫困人口的温饱问题已基本得到解决，农民的生存、生活、生产条件得到了较大的改善。但是，目前龙山县还有 2 万多户贫困家庭、192 个村贫困村。龙山县贫困人口大多分布于高寒、边远、干旱地区，不仅土地资源贫乏，而且生产条件恶劣，与粮食生产相比，发展草食牲畜更有优势。因此，从实际出发，综合开发利用现有的天然牧草资源，调整种养结构与布局，加快草食畜牧业发展，对于促进农民增收，加快脱贫致富，有效抵御返贫具有十分重要的政治和经济意义。

第二节　草场资源概况

一、龙山县简介

龙山，位于湘西北边陲，地处武陵山脉腹地，连荆楚而挽巴蜀，历史上称之为"湘鄂川之孔道"，龙山县南北长 106km，东西宽 32.5km，总面积 3 131 km²。地势北高南低，东陡西缓，境内群山耸立，峰峦起伏，酉水、澧水及其支流纵横其间。地域属亚热带大陆性湿润季风气候区，四季分明，气候宜人，雨水充沛。土地构成为"八山半水一分田，半分道路加宅园"，山地面积占总面积的 80.2%，耕地面积占 8.5%。龙山县辖 21 个乡镇（街道），总人口 60 万，其中少数民族 35.97 万人。

二、草场资源分布和特点

龙山县一带处于云贵高原东端，地形地貌上多为中、低山峡谷和低山丘陵峡谷谷地形态，局部为山间谷地平原。群山起伏，高低悬殊所形成的地形地貌，构成了成片大块草场多在大山之上，形成山地草丛，坡度较小，植被群落比较单纯；其他方面的草场分布在低山腰和低山丘陵，坡度较大，植被群落种类较多。龙山县草场总面积 162 万亩，占土地总面积的 34.5%，草场可利用面积 133 万亩。成片草场148 万亩，占草场总面积的 91%，万亩以上成片草场 11 处，面积达16 万亩。

（一）山地草丛类

此类草场地形开阔，坡度不大，气温较低，牧草群落结构是白茅、野古草等，以禾本科为主（图 1-1）。主要分布在龙山县的八面山和洛塔两地，位于海拔 800~1 200m 的中底山上部。面积占总草场的 17.5%。

图 1-1　山地草丛类

（二）灌木草丛类

此类草场牧草种类较多，利用时间长，入冬以后，仍有青绿植物叶片，可供家畜采食。植物群落多为高大禾草、杂草和灌木混合组成（图 1-2）。多分布在低山沿溪河两岸的坡地、丘陵地和一部分林缘地段及山谷里。面积占总草场的 10.1%。

图1-2 灌木草丛类

（三）林间草丛类

此类草场主要分布在中低山坡地，草地生长有松、柏、杉、油桐、油茶林和混合林，牧草生在林间。草被以高禾草和中禾草为主，牧草生长茂盛、品质幼嫩，适口性好，为农村常用的放牧地（图1-3）。面积占总草场的45.1%。

图1-3 林间草丛类

（四）疏林草丛类

此类草场分布在龙山县各地不同海拔高度的地方，疏林中生长有芒、白茅、黄背草、野古草、狗尾草、葛、蕨等（图1-4）。此类草场在部分地区被划为封山育林区，禁止放牧，可以刈割青草舍饲和晒制干草。面积占总草场的9.6%。

图1-4　疏林草丛类

（五）农林隙地类

此类草场包括空坪隙地、草坪、草埂等，比较零星分散，分布在龙山县各地。牧草种类繁多，再生力强，幼嫩多汁，营养丰富，适口性强，利用率高，是当前农村牛羊放牧和割草之地，也是当前利用率最高的草场（图1-5）。面积占总草场的8.6%。

（六）山地草甸类

此类草场的土壤为山地草甸土，海拔在1 000m以上的无林地带，气温低、风速大。主要分布在龙山县的八面山、大安两地。植被为多年生高大禾草，常见牧草有芒、白茅、野古草、细柄草、葛、地枇杷等（图1-6）。面积占总草场的9.1%。

图1-5 农林隙地类

图1-6 山地草甸类

第三节 草食畜牧业发展现状

近年来，龙山县借助草场改良、石漠化综合治理、秸秆养畜、草食动物品改等项目建设，通过政策引导、贷款贴息、放宽用地政策、养殖技术培训等方式，进一步优化养殖业发展环境，加快了草食畜牧业的发展。

一、产业发展势头良好

截至 2016 年年底，龙山县牛饲养量达 3.8 万头，山羊饲养量达到 12.91 万只，分别同比增长了 10.2%、10.5%。其中，10 头以上牛规模养殖户 347 户；50 只以上山羊规模养殖户 832 户。龙山县已经建成牛品改点 12 个，培养优秀品改员 20 名，每年可实现品改 6 500 胎次以上。

二、规模养殖不断壮大

近几年来，龙山县依托养殖优势产业，大力推动草食牧业向标准化、规模化、生态化、产业化方向发展。龙山县孕育了一批具有一定规模和带动能力的养殖专业合作经济组织，已形成"小群体、大规模"的产业化发展新格局。2016 年，龙山县圣山牧业成功创建国家级肉牛示范场，在里耶八面山带动周边 40 余户农户发展生态养牛。联丰黑山羊养殖合作社发展山羊养殖户 50 余个，在湖南汨罗市川山坪镇六峰村建立营销基地，与长沙、岳阳等大市场对接，进一步提高了养殖效益。

三、标准化养殖逐步成型

2014 年，龙山县出台了《关于加快现代养殖业发展的实施意见》，龙山县养殖业按照"两极""三园""四线""五区"划分进行科学布局。根据"禁养区、限养区、宜养区"三区的划分，结合"资源化利用、容量化控制、减量化排放、无害化处理、生态化发展"的原则，大力推行黄牛"1215"养殖模式（一个养殖户建设 1 栋 200m² 标准化栏舍，饲养 10 头能繁母牛，种植 5 亩优质牧草、年出栏肉牛 5 头）和山羊"1835"养殖模式（一个养殖户建设 1 栋 80m² 标准化羊舍，饲养 30 只能繁母羊，种植 5 亩优质牧草、年出栏羊 50 只）。目前，龙山县推行黄牛"1215"养殖模式的养殖户有 81 户，推行山羊"1835"养殖模式的养殖户有 452 户。

第二章　品种介绍

第一节　牛

龙山县境内牛的品种主要是湘西黄牛和水牛，湘西黄牛在清乾隆年间即以其体质健壮、行动敏捷、繁殖力强而著名湘西。

一、湘西黄牛

湘西黄牛（图2-1）主产于湖南省湘西北地区。性情温驯，耐粗饲、耐热，体型中等，发育匀称，前躯略高，肌肉发达，骨骼结实，肩峰高，头短小，额宽阔，角形不一，颈细长，颈垂大，胸部发达，背腰平直，腰臀肌肉发达，尾长而细，四肢筋腱明显、强壮有力。湘西黄牛的头大小适中，眼眶稍突出，有少数的牛上眼睑和嘴四周有黄白色毛，俗称"粉嘴画眉"。成年公牛平均体重为334.3kg，母牛为240.2kg，屠宰率为49.5%，净肉率为39%。湘西黄牛农产品地理标志地域保护范围为湖南省湘西自治州的凤凰、永顺、花垣、龙山、吉首、泸溪、古丈、保靖等县。地理坐标为东经109°10′~110°55′，北纬27°44′~29°47′。

图2-1　湘西黄牛

二、水牛

龙山县境内的水牛（图2-2）体型、外貌均属滨湖水牛类型。毛色以瓦灰、铁青色为主，也有少量白色的。主要分布在平坝河谷水稻产区，在中低山区山缘区有少量饲养。性温驯，体型较大，头大额平，角大向后上方弯曲呈半圆形，胸深面宽，四肢粗壮有力，蹄大而圆。成年体重公牛419kg，母牛347kg，一般3年2胎。

图2-2　水牛

第二节　山　羊

龙山县境内所产都是山羊，统称本地山羊。近年来，引进的山羊品种有南江黄羊、波尔山羊等。

一、本地山羊

龙山本地山羊（图2-3）白色居多，黑毛、麻褐色少数。体型较小略呈长方形，体质结实；头清秀，有角；板皮质地细致、洁白、柔软。母羊集中在春、秋两季发情，年产两胎，第一胎多为单羔，第二胎之后产双羔，产3羔少见，母羊有效繁殖年龄为6年。

白山羊产肉性能较好，其阉羊的屠宰率49.10%，净肉率38.00%，黑山羊肉质细嫩，肉味鲜美，人们喜食。

二、南江黄羊

南江黄羊（图2-4）产于四川省南江县，适宜于在农区、山区饲养。南江黄羊被毛黄色，毛短而富有光泽，面部毛色黄黑，鼻梁两侧

图2-3 本地山羊

有一对称的浅色条纹，公羊颈部及前胸着生黑黄色粗长被毛，自枕部沿背脊有一条黑色毛带，十字部后渐浅；头大适中，鼻微拱，有角或无角；体躯略呈圆桶形，颈长度适中，前胸深广、肋骨开张，背腰平直，四肢粗壮。

南江黄羊不仅具有性成熟早、生长发育快、繁殖力高、产肉性能好、适应性强、耐粗饲、遗传性稳定的特点，而且肉质细嫩、适口性好、板皮品质优。成年公羊体重40~55kg，母羊34~46kg，羯羊屠宰率为49%，净肉率为38%。

图2-4 南江黄羊

第三章 牛羊的养殖技术

第一节 黄牛的养殖技术

一、黄牛栏舍修建技术

牛舍建筑（图3-1），要根据当地的气温变化和牛场生产、用途等因素来确定。建牛舍因陋就简，就地取材，经济实用，还要符合兽医卫生要求，做到科学合理。有条件的可建质量好的、经久耐用的牛舍。牛舍以坐北朝南或朝东南好。牛舍要有一定数量和大小的窗户，以保证太阳光线充足和空气流通。房顶有一定厚度，隔热保温性能好。湘西州建半开放牛舍为宜：半开放牛舍3面有半墙，向阳一面敞开，有部分顶棚，在敞开一侧设有围栏，水槽、料槽设在栏内，肉牛散放其中。每舍（群）15~20头，每头牛占有面积4~5m²。这类牛舍造价低，节省劳动力，但冷冬防寒效果不佳。冬天可棚布拉盖。同时，修建栏舍前应考虑以下几点。

图3-1 某黄牛栏舍局部

（一）考虑饲料资源，确定饲养规模

建场之前，一定要充分考察当地的饲料资源，尤其是粗饲料资源，应就近解决饲料问题。靠长途运输、高价收购粗饲料来饲养肉牛将得不偿失。在条件许可时，可用一部分耕地进行粮草间作、轮作来解决青粗饲料问题，对湘西黄牛的育肥将更加有利。牛场的饲养规模要以饲草资源为基础，一般是 15 亩自然草山饲养一头牛、1 亩人工草地饲养一头牛。饲草问题解决之后，还应考虑季节因素。一般应选在夏、秋季饲草生长旺盛的季节开始饲养，不宜在冬、春枯草季节进牛。

（二）考虑自身资金情况

湘西黄牛养殖投资主要包括建场、饲料和购牛 3 部分。所需资金较多，尤其是搞短期育肥购买架子牛需要的流动资金更大，养殖者应根据自身资金情况来确定饲养规模的大小。资金雄厚者，规模可大些；资金薄弱者，宜小规模起步，滚动发展。

（三）考虑技术条件和自身管理经营水平

湘西黄牛容易饲养，但不掌握湘西黄牛的生长发育规律和生理特点，不懂得饲料生产及配制技术，不应用科学的饲养管理方法，则难以获得较高的经济效益。因此，要搞好湘西黄牛规模育肥，建场前必须对湘西黄牛饲养的基础知识有初步的了解。和所有养殖企业一样，经营者的管理水平决定着企业的盈利水平，许多地区有许多牛养殖场因管理不善而"场败圈空"。因此，搞规模饲养应在自身技术条件和管理水平允许的范围内确定规模大小。可由小规模起步，总结出成熟的管理经验后，再扩大饲养规模。

（四）养殖场场地的环境与大小

根据农业部无公害牛肉生产准则，湘西黄牛饲养场的布局设计应避风向阳，应建在干燥、通风、排水良好、易于组织防疫的地点。牛场周围 1km 内应无大型化工厂、采矿场、皮革厂、肉类加工厂、屠宰场、活畜交易市场和畜牧场等，牛场距离干线公路、铁路、城镇、居民区和公共场所 0.5km 以上。牛舍一般占牛场总面积的 20%~30%，每头牛占有牛舍面积 3~4.5m²，建牛场要请专家设计指导，牛舍建筑可因陋就简，切忌"豪华"，只要实用就行。

（五）饲养模式

牛属草食动物，进食量大，生产周期长，要充分利用天然的草山资源，减少生产成本，获取最大效益。要根据牛的生产阶段和生产方向采用不同的饲养模式，一般育肥牛要以舍饲为主，基础母牛和架子牛要以放牧为主，不同生产阶段要采用不同的饲养模式。同时要积极利用秸秆，推广青贮、氨化或微贮技术，进行冬天补饲。

（六）考虑市场定位

饲养湘西黄牛前应进行市场调查和定位。目前育肥肉牛的市场有3点：一是选3岁以上成年牛（包括阉牛和淘汰母牛）短期育肥，目的是生产普通牛肉，在国内市场销售；二是选择2岁以上的阉牛进行3个月以上的强度育肥，要求技术较高，目的是供应港澳的活牛；三是选择1~2岁的架子阉牛进行6个月以上的强度育肥，要求技术高，目的是生产高档牛肉和优质牛肉，其高档肉和优质肉占活重的20%~25%，主要供应国内星级宾馆和大使馆消费，余下的肉仍可作普通牛肉销售。另外，还要多渠道捕捉信息，争取卖个好价钱。

二、黄牛的繁殖技术

湘西黄牛的繁殖技术包括配种、妊娠、产犊前后护理3个环节。

（一）满足母牛的营养需要，保证母牛正常发情、配种

一般初产母牛1.5~2岁、水牛3岁开始发情配种，经产母牛产后2个月发情配种，做到一年一胎，仔细观察牛的正常发情，发现母牛发情要及时配种，母牛发情周期为21d，一般发情持续期1~2d，具体说成年母牛6~36h，育成母牛10~21d，人工配种适宜时机是发情高潮期后8~10h。

母牛的发情症状：牛精神高度兴奋，活动增强，食欲减退，有的牛鸣叫。外阴部和生殖道的变化：阴唇充血肿胀、潮红，从阴门流出透明的黏液有时垂吊在阴门形成"吊线"似玻棒。阴道黏膜潮红、湿润。子宫颈开张、充血。性欲表现：力图接近公牛和母牛，爬跨其他母牛，接受公牛和其他母牛的爬跨。发情过后，有血液从阴门流出，称为"月经现象"，青年牛和头胎牛较多见，经产牛少见。

发情鉴定以外部观察法为主，外部观察法是以母牛的性兴奋、外

阴变化等方面观察，根据母牛的表现可分为 3 个时期。①发情初期：发情牛爬跨其他母牛，神态不安，哞叫，但不愿接受其他牛的爬跨，外阴部轻微肿胀，黏膜充血呈粉红色，阴门流出透明黏液，量少而稀薄如水样，黏性弱。②发情中期：母牛很安静地接受其他牛的爬跨（叫稳栏现象），发情的母牛后躯可看到被爬跨留下的痕迹。阴门中流出透明的液体，量增多，黏性强，可拉成长条呈粗玻璃棒状，不易扯断。外阴部充血，肿胀明显，皱纹减少，黏膜潮红，频频排尿。③发情后期：此时母牛不再接受其他牛的爬跨，外阴部充血肿胀开始消退，流出的黏液少，黏性差。

（二）妊娠期间母牛饲养管理的基本要求

母牛妊娠后，不仅本身生长发育需要营养，而且还要满足胎儿生长发育的营养需要和为产后泌乳进行营养蓄积。母牛怀孕前 5 个月，由于胎儿生长发育较慢，其营养需求较少，可以和空怀母牛一样，以粗饲料为主，适当搭配少量精料。如果有足够的青草供应，可不喂精料，母牛妊娠到中后期应加强营养，尤其是妊娠的最后 2~3 个月，应按照饲养标准配合日粮，以青饲料为主，适当搭配精料，重点满足蛋白质、矿物质和维生素的营养需要。蛋白质以豆饼质量最好，棉籽饼、菜籽饼含有毒成分不宜喂妊娠母牛；矿物质要满足钙、磷的需要，维生素不足还可使母牛发生流产、早产、弱产，犊牛生后易患病，再配少量的玉米、小麦麸等谷物饲料便可。同时，应注意防止妊娠母牛过肥，尤其是头胎青年母牛，以免发生难产。

妊娠母牛的管理：母牛在管理上要加强刷拭和运动，特别是头胎母牛，还要进行乳房按摩，以利产后犊牛哺乳。舍饲妊娠母牛每日运动 2h 左右。妊娠后期要注意做好保胎工作。与其他牛分开，单独组群饲养，严防母牛之间挤撞。雨天不放牧，不鞭打母牛，不让牛采食幼嫩的豆科牧草，不在有露水的草场上放牧，不采食霉变饲料，不饮脏水。

（三）产犊前后护理

哺乳母牛的管理：母牛产后 10d 内，身体虚弱，消化机能差，尚处于身体恢复阶段，要限制精饲料及根茎类饲料的喂量。此期若营养过于丰富，特别是精料量过多，会引起母牛食欲下降，产后瘫痪，加重乳房炎和产乳热等病。因此，对于产犊后过肥或过瘦的母牛必须适度饲养，要求产后3d内只喂优质干草和少量以麦麸为主的精料，4d后喂给适量的精料和多汁饲料，随后每天适当增加精料喂量，每天不超过1kg，1周后增至正常喂量。

（四）犊牛的饲养管理

初乳要早喂，喂足。犊牛出生后初乳应在0.5~1h内喂给，量要喂足，喂2kg，每天3~4次，每次1.5~2kg，日喂量占体重的15%。初乳为母牛产后5d内的乳汁，营养丰富，并含有丰富的母源抗体免疫球蛋白、溶菌酶，对初生牛犊的营养、消化、胎粪排出、增强抵抗力有重要作用。母牛产后1h内初乳的抗体含量最高，犊牛胃肠吸收抗体的能力最强，24h后失去利用抗体的能力，要注意初乳的质量。为促进瘤胃发育，犊牛应提早采食青粗饲料和精料。犊牛每天哺乳不低于5kg，否则生长发育受阻。哺乳期6~7个月，即6~7月龄断奶。为促进瘤胃发育和补充养分，犊牛应提早采食青粗饲料和精料，并随着采食时的增加，保证充足的饮水。

三、黄牛的科学育肥技术

（一）黄牛的直线育肥（断奶后直接育肥）

其优点一是缩短了生产周期，较好地提高了出栏率。二是改善了肉质，满足市场高档牛肉的需求。三是降低了饲养成本，提高了湘西黄牛生产的经济效益。四是提高了草场载畜量，可获得较高的生态效益。

1. 犊牛断奶后转入育肥舍饲养

育肥舍为规范化的塑膜暖棚舍，舍温要保持在6~25℃范围内，确保冬暖夏凉。夏季搭遮阴棚，保持通风良好。冬季扣上双层塑膜，要注意通风换气，及时排出有害气体。按牛体由大到小的顺序拴系、定槽、定位，缰绳以40~60cm为宜。

2. 育肥牛的饲养

犊牛转入育肥舍后训饲10~14d，使其适应环境和饲料并逐渐过渡到育肥日粮。夏季水草茂盛，也是放牧的最好季节，充分利用野生青草的营养价值高、适口性好和消化率高的优点，采用放牧育肥方式。当温度超过 30℃ 时，注意防暑降温，可采取夜间放牧的方式，春秋季时白天放牧，夜间补饲一定量青（半干）贮、氨化、微贮秸秆等粗饲料和少量精料。冬季要补充一定的精料，适当增加能量饲料（棉籽饼等）。育肥牛的日粮配方参考如下。①玉米面 35.2%、豆饼 5.9%、酒糟 29.3%、干草 29.3%、食盐 0.3%，另加复合添加剂 1%；②精料 19.6% ~ 22.4%、酒糟 26.4% ~ 27.1%、干草 8.4% ~ 9.1%、微贮秸秆 42.2% ~ 44.2%，另加复合添加剂 1%。

3. 育肥牛的管理

舍饲育肥犊牛日饲喂 3 次，先喂草料，再喂配料，最后饮水。注意禁止饲喂带冰的饲料和饮用冰冷的水，寒冬季要饮温水。一般在喂后 1h 饮水。育肥牛 10 ~ 12 月龄用虫克星或左旋咪唑驱虫 1 次。虫克星每头需口服剂量为每千克体重 0.1g；左旋咪唑每头牛口服剂量为每千克体重 8mg。12 月龄时，用"人工盐"健胃 1 次，口服剂量为每头牛 60 ~ 80g。每日擦拭牛体 1 次，以促进血液循环，增进食欲，保持牛体卫生，饲养用具也要经常洗刷消毒。育肥牛要按时搞好疫病防治，经常观察牛采食、饮水和反刍情况，发现病情及时治疗。

4. 适时出栏

当育肥牛 18 ~ 22 月龄，体重达 400kg，且全身肌肉丰满，皮下脂肪附着良好时，即可出栏。

(二) 黄牛架子牛的快速育肥技术

1. 严格控制牛龄与品种

架子牛应购买年龄在 1 岁左右的牛犊作为育肥牛，以利用犊牛生长高峰期育肥，所选湘西黄牛要生长发育正常、骨架大、健康无病，性别以公牛为好，其次为阉牛。

2. 采取科学育肥措施

一是采取桩栓站立式喂养，改变传统放牧散养的习惯，减少过渡运动带来的不必要的消耗，增重快；二是定期为育肥牛打虫健胃，增加食欲；三是严格防疫程序，注重防病抗病，确保湘西黄牛产品的安全性。四是合理配方配料，科学喂养，采用配合饲料喂养，定期饮水，保证育肥牛生长发育的物质需要。饲喂精料量根据牛的大小、牧草的供应情况和季节来定（北方育肥牛按体重 0.5% ~ 1% 添加精料）。

（三）黄牛各阶段饲料配方

1. 犊牛饲料配方

玉米：鱼粉：糖蜜＝7：2：1 比例调成糊状饲喂。

2. 哺乳母牛饲料配方

玉米 1.5kg，骨粉 0.01kg，食盐 30g。

3. 育肥牛精料配方

（1）玉米 65%，麦麸 18%，菜籽饼 9%，豆饼 2%，鱼粉 2.5%，尿素 2%，添加剂 1%，食盐 0.5%。

（2）玉米 74%，豆粕 14%，麦麸 10%，食盐 1%，骨粉 1%。

（3）玉米 53%，麸皮 28.5%，棉籽饼 16%，骨粉 1.5%，食盐 1%。

（4）玉米 57%，麸皮 10%，油饼 30%，石粉 2%，食盐 1%，维生素 A 10 000IU/kg。每日补饲一般 1.0kg/头精料的饲养标准，使牛尽快育肥。

四、黄牛的放牧管理技术

为了使牛群充分合理利用草场，既不浪费草场资源，又不使草场因重牧而退化，放牧时应注意以下几点。

合理组群：根据牛只的品种、性别、年龄、体质强弱合理分群分区放牧。

选择合适的地方放牧，保证放牧时间充足，保证放牧过程中有清洁的饮水。

五、黄牛越冬的饲养管理技术

冬春季节为枯草期，牛群青饲料缺乏，气温低，为保证牛群安全越冬，必须做好以下几点。

1. 加强夏秋抓膘

加强牛夏秋管理，使其体躯健壮，积蓄大量脂肪，以便安全度过冬春枯草期。

2. 抓紧贮草

制作青贮料和种植早春牧草。

3. 整顿牛群

越冬前对难以越冬的老、弱、病、残牛坚决处理，对越冬牛群进行合理组群、驱虫等。

4. 做好防寒保温工作，准备充足的垫草

5. 做好冬季放牧和补饲工作

六、人工授精技术

目前，龙山除饲养湘西黄牛以外，还引进了西门塔尔牛、夏洛来牛、利木赞牛、安格斯牛等优良品种。龙山县已经建成牛品改点 12 个，在龙山县范围内推广人工授精技术。

（一）人工输精的材料准备

液氮罐、液氮、冻精、2.9%柠檬酸钠解冻精、牛输精枪、牛输精管、牛开膛器、镊子、水浴锅、温度计、显微镜、75%酒精棉球、玻片、配种架、一间面积为 $8\sim10m^2$ 的精液处理室、一间面积为 $30\sim40m^2$ 的输精室或一块场地。

（二）牛的直肠把握输精方法（冷配）

1. 消毒

输精管用稀释液冲洗后，外壁用酒精棉球擦拭。牛的外阴部周围用清洁温水洗干净，把牛尾巴用细绳拉住固定。

2. 输精操作

取一支装有 1mL 的鲜冻精液放入 $40\sim42℃$ 水浴锅或水杯中预热。然后打开安倍瓶口，从液氮罐中取一粒冻精放入解冻液中，在水浴中充分溶解。将稀释后的精液缓慢吸入输精管内，左手插入直肠抓住子宫颈固定起来，同时臂膀用力下压，使阴门张开，右手持输精管，自阴门先向上斜插，避开尿道口，左手握住子宫颈向前推移，一直插入子宫颈深部或内口，把精液输入子宫内，然后取出输精管，同时取管内余下精液 1 滴作活力检查，如活力不好或有逆流现象，应立即补输。用过后的输精管洗净擦干，外壁用 75% 的酒精棉球消毒，以备后用。

第二节　山羊的养殖技术

一、羊圈舍建设

龙山地处我国南方武陵山区，羊舍修建以吊脚楼式羊舍（图 3-2）为主。南方草山草坡较多，为了方便羊群采食，可就近修建羊舍。可因地制宜地借助缓坡，羊舍距地面高度为 1.2m。建成吊楼，双坡式屋顶，羊舍南面或南北面做成 1m 左右高的墙，舍门宽 1.5~2.0m。木条漏缝地板缝隙 1.5~2.0cm，便于粪便漏下。羊舍南面设运动场，用于羊补饲和活动运动。羊舍是羊生活的主要环境之一，羊舍的建筑是否有利于羊各方面需要和养羊业的发展，在一定程度上成为养羊成败的关键因素。羊舍内要求通风、干爽、冬暖夏凉。

图 3-2　羊圈舍建设

二、山羊的饲养管理

（一）引种

1. 引羊前准备

在引羊出发前，应根据本地饲草饲料、地理位置等因素加以分析，有针对性地考察适合养殖的品种。结合自己的养殖能力，合理确定引种数量，做到既有钱买羊，又有钱养羊。准备购羊前要备足草料，修缮羊舍，配备必要的设施。

2. 选择引羊时间

引羊最适合在春秋两季。这两个季节气温不高不低，天气适宜。

3. 选购羊只

羊只的挑选是养羊能够顺利发展的关键一环，首先要了解种羊场的疫病发生和生产情况，最好与当地的畜牧部门联系，帮助把好质量关。挑选时，要看羊是否符合奔跑中的特征，公羊要选择 1~2 岁，手摸睾丸富有弹性，左右对称；母羊选择周岁左右，这些羊多半正处于配种期，母羊要强壮，乳头大而均匀，一般公母比例要求 1：（15~20）。

4. 种羊如何鉴定年龄

牙齿的生长发育、形状、脱换、磨损、松动有一定的规律，能比较准确地对羊只进行年龄鉴定。成年羊共有 32 枚牙齿，上颌有 12 枚，每边各 6 枚，上颌无门齿，下颌有 20 枚牙齿，其中 12 枚是臼齿（每边 6 枚），8 枚是门齿，也叫切齿。利用牙齿鉴定年龄主要是根据下颌门齿的发生、更换、磨损、脱落情况来判断。为了方便记忆，前人总结有顺口溜：一岁半，中齿换；到两岁，换两对；两岁半，三对全；满三岁，牙换齐；四磨平；五齿星；六现缝；七露孔；八松动；九掉牙；十磨尽。

（1）羔羊一出生就长有 6 枚乳齿；约在 1 月龄，8 枚乳齿长齐；1.5 岁左右，乳齿齿冠有一定程度的磨损，钳齿脱落，随之在原脱落部位长出第一对永久齿。

（2）羊 2 岁时中间齿更换，长出第二对永久齿。

（3）羊约在 3 岁时，第四对乳齿更换为永久齿。

（4）羊 4 岁时，8 枚门齿的咀嚼面磨得较为平直，俗称齐口。

（5）羊 5 岁时，可以见到个别牙齿有明显的齿星，说明齿冠部已基本磨完，暴露了齿髓。

（6）羊 6 岁时已磨到齿颈部，门齿间出现了明显的缝隙。

5. 把握适度规模

山羊养殖的规模取决于养殖户的投资能力、市场价格、饲草面积、饲养管理条件等诸多因素。实践证明，能繁母羊饲养的最小规模不宜低于 20 只，适度规模应为 50 只左右。对于专门从事养羊的专业大户养殖规模控制在 100~150 只为宜。

（二）饲养要点

1. 种公羊

种公羊要常年保持中等以上体况，配种前期和配种期补喂含蛋白质、维生素、矿物质丰富的饲料，以保持健壮的体质和旺盛的性欲。农户间的种公羊应建立卡片，进行有选择的交换使用。

2. 产羔母羊

母羊怀孕后期，胎儿生长迅速，母体所需营养物质多，饲料质量要求高。此时应适当添加草粉、玉米、黄豆等富含蛋白质、维生素、矿物质的混合精料。母羊哺乳期还要补饲混合精料和多汁饲料，并供给添加有适量食盐的饮水。

3. 羔羊

羔羊产出后应在30~35min内吃足、吃好初乳，以增加热量、增强抵抗力。羔羊在生后7~10d开始对其诱食混合精料、优质细嫩牧草。可以在混合精料中掺入细嫩的牧草诱食，待开食后再逐渐增加补饲量。羔羊早补饲，对羔羊今后的消化机能有很大提高。羔羊断奶后，应增加采食量，适当补饲混合精料和多汁饲料，补饲应尽量提高蛋白质含量。

4. 卫生防疫

一是在加强饲养管理的同时，每年定期注射羊三联苗（羔羊痢疾、羊猝狙、肠毒血症及快疫）一次。二是根据本地区寄生虫病流行情况，每年春、秋两季驱除体内外寄生虫一次。肠道有效驱虫药以左旋咪唑或苯硫咪唑为好。三是定期对羊舍的墙壁和地面及周围环境进行消毒，可用3%~5%碱水或10%~20%石灰水喷洒，或用草木灰和石灰粉均匀抛撒于圈舍及其周围。

（三）羊群过冬的注意事项

羊的耐寒能力相对较强，但冬季羊舍温度不能低于0℃，羔羊舍不能低于8℃。入冬后，要及时检修羊舍，对屋顶和墙壁进行必要的修补，防止漏风漏雪。地处野外的羊圈，应在北墙外用玉米秸秆设挡风屏障；密闭式羊圈，应在门口、窗口悬挂草帘；简易式养羊大棚，可将屋檐向前延伸，架设塑料暖棚，顶面覆盖草帘子。

1. 抓好秋膘

农历进入9月后，正值秋收季节，在田土埂边生长的杂草草籽开始成熟，营养丰富，是放羊抓膘的大好时机。此时，要尽量延长放牧时间，让羊群达到良好的营养状况，使羊群入冬后体质健壮，抗病力增强。早秋无霜时放牧应早出晚归，晚秋有霜冻时则要适当晚出，以免羊吃霜草生病或流产，怀孕以后的母羊要注意保胎，放牧驱赶要稳。

2. 备足草料

俗语说"贮草如贮粮，保草如保羊"。应充分备足含蛋白质多的大小豆秸、豆荚皮、葛条茎叶、苜蓿、地瓜秧、豆叶、树叶、青贮饲料和氨化饲料等。

3. 预防保健

入冬前，养殖户应根据群羊的营养状况调整羊群。对体小瘦弱、长期空怀、年老体衰及生产性能低的羊，应趁秋季抓好秋膘，及时进行淘汰处理。冬季羊群易患口蹄疫、链球菌病、羊痘、痢疾、感冒、大肠杆菌病等疾病，要提早对羊群进行免疫接种，并在入冬前进行预防性驱虫。平时要经常打扫圈舍，保持舍内清洁干燥，及时清除粪便，通过堆积发酵进行无害化处理，残料要进行筛选处理，已经污染的不能再使用。

4. 加强补料

入冬后，牧草枯萎，单靠放牧已经不能满足营养需要。每天出牧前、收牧后要进行补饲。每天定时供给 3 次以上饮水，最好饮用淡盐水，水温达到 18℃左右。尽量补足多汁青贮饲料，会使羊食欲旺盛，生长发育良好，不掉膘不流产，羊群健壮。

5. 搞好放牧

羊群放牧严防拥挤，选择牧草好、暖和避风的草场放牧，除大风天外每天坚持放牧 5h 以上。采取晚出早归整天放牧，早晨出牧前要先把羊舍背风方向的门窗打开，放出热气，当舍内外温度相近时，再把羊赶出，以免羊发生感冒。深冬季节，即使天气很冷，晴天中午也要尽量让羊群外出运动，以增强体质，提高抗寒能力。

6. 防流保胎

公母羊要分开饲养，防止公羊追逐、爬跨怀孕母羊；怀孕母羊要有单独的圈舍，圈舍门尽量宽大一些，舍内饲养数量合适，保证每只孕羊的占地面积为 2m² 左右，防止孕羊受到意外挤压；要多给孕羊供应精料和温淡盐水，避免其饮冰水、吃霜冻草，确保喂饮合理；放牧路途不要太远，不走陡坡和险路，避免人为追打，防止孕羊因惊吓、急跳、跌滑而导致流产。

第四章 牛羊饲料及加工调制技术

第一节 牧草科学种植技术

一、牧草种植地的准备

牧草的生长同其他农作物一样离不开光、热、空气、水分和养分，其中水分和养分主要是通过土壤供给。因此，在牧草播种以前要选地、清理地面、耕地、施底肥、整地。

（一）选地

一般的耕地、山坡地、堤坝地、房前屋后的零星地都可种植牧草，但要获得高产，土地的水肥条件要求就要高一些。水灾后一定要等到水完全退去，土壤含水量在70%左右为宜。

（二）清理地面

地面的清理就是要清除种植地上的石块、杂草（包括灌木）。

（三）耕地

翻耕（图4-1）：用于种植牧草的土地经清理后进行翻耕，翻耕的深度深比浅好，一般在20cm以上。

图4-1 翻耕

（四）施底肥

"庄稼一枝花，全靠肥当家"，牧草种植也不例外。土地翻耕后，每亩地一般施农家肥 2 000~3 000kg，复合肥 20~30kg。所施的农家肥必须经过发酵腐熟。

（五）整地

整地用圆盘耙将翻过的土块破碎，平整翻过的地。

二、牧草品种的选择

1. 选择的牧草品种要适合当地的土壤、气候条件

牧草种子像农作物的种子一样，是科研育种单位经过长期的选育和培育而成的。它是在一定的区域和气候条件下培养出来的，适合在一定的土壤、气候条件下种植。因此，在选择种什么品种牧草时，一定要搞清楚这个品种的适宜种植区域。

2. 根据所饲养的畜禽种类来确定所种植的牧草品种

在选择牧草时要根据自己所饲养的畜禽类型来选择适当的牧草品种（如表4-1）。如美国矮象草、扁穗牛鞭草、墨西哥玉米、桂牧一号等。

表4-1　牧草品种与栽培

品种	特征与特性	栽培方式与时间
美国矮象草	产量高、分蘖多、再生能力强；品质好、叶量多，饲喂效果好。每亩年产鲜草在0.8万~1.2万kg。	砍茎繁殖。湘西最佳移植季节是3月上旬至4月上旬。
扁穗牛鞭草	适应性强、产量高，每亩年产鲜草在0.8万~1.2万kg。适口性好、营养价值高。繁殖快、青绿期长。	茎秆扦插。扦插季节全年均可，但以4—6月和9—10月间效果最佳。
墨西哥玉米	属一年生禾本科黍属。分蘖能力强，再生性好，营养丰富，干草中含粗蛋白质9.6%~13.5%，产量高，每亩年产鲜草在1.5万~2万kg。	采用穴播或条播方式。每亩播种量为0.5~0.75kg；播种期为3月中旬至4月中旬。
桂牧一号	属禾本科间杂交的多年生草本植物，株高300~350cm，丛生，分蘖多，营养价值高，粗蛋白质含量为13.1%~16.5%，产量在10 295kg。	茎秆扦插。栽插时间以每年4—5月为宜。

第二节　牧草加工调制技术

一、氨化技术

氨化秸秆可先将秸秆用铡草机铡碎，再按每100kg秸秆加6kg尿素、80kg水、1.5kg生石灰，将后三者混成溶液，然后与秸秆搅拌均匀，装入氨化池中，并压实密封。一般夏季需10d左右，春秋季20~30d，冬季2个月左右。

二、青贮技术

青贮技术就是把新鲜的秸秆填入密闭的青贮窖或青贮塔内，经过微生物发酵作用，达到长期保存其青绿多汁营养特性之目的的一种简单、可靠、经济的秸秆处理技术。青贮发酵作用，可以把适口性差、质地粗硬、木质素含量高的秸秆变成柔软多汁、气味酸甜芳香、适口性好的粗饲料。

（一）青贮秸秆应具备的条件

1. 秸秆原料

图4-2为秸秆原料田间生长情况。

图4-2　秸秆原料

（1）必须有一定的含糖量：如玉米、高粱秸秆，甘薯藤、新鲜稻草等均含有适量或较多易溶性碳水化合物，是较优良的青贮料。

（2）青贮原料含水量要适中：最适宜的含水量为65%~75%。

（3）秸秆切碎：青贮秸秆切短的目的在于装填紧实，取用方便，家畜容易采食。对牛、羊来说，秸秆切成 3~5cm 即可。粗硬的玉米、高粱等秸秆切成 2~3cm 较为适宜。

2. 青贮设备

青贮设备宜建在地热高燥，土质坚硬，地下水位低，靠近畜舍，远离水源和粪坑的地方，要坚固牢实，不透气，不漏水。内部要光滑平坦，窖壁应有一定倾斜度，上宽下窄，底部必须高出地下水位 0.5m 以上，以防地下水渗入。长方形青贮窖窖底应有一定的坡度。青贮建筑物的类型一般有以下几种。

（1）青贮窖：一般分为地下式和半地下式两种。目前以地下式窖应用较广，地下水位高的地方采用半地下式为宜。青贮窖以圆形或长方形为好（图4-3）。窖四周用砖砌成，三合土或水泥盖面。这种窖坚固耐用，内壁光滑，不透气，不漏水，青贮易成功，养分损失小。青贮窖，一般圆形窖直径 2m，深 3m，直径与窖深之比以 1：(1.5~2) 为宜。

图4-3　青贮窖

（2）青贮壕：通常挖在山坡一边，底部应向一端倾斜以便排水。青贮数量多时，可采用青贮壕，一般深 3.5~7m，宽 4.5~6m，长度可达 30m 以上。

（3）青贮塔：用砖和水泥等制成的永久性塔形建筑。塔成圆形，上部有顶，防止雨水淋入。在塔身一侧每隔 2m 开一个约 0.6m×0.6m 的窗口，装时关闭，取空时敞开。青贮塔高 12~14m，直径 3.5~9m，原料由顶部装入。顶部装一个呼吸袋。此法青贮料品质高，但成本也高。

（4）青贮塑料袋：塑料袋要求厚实，每袋贮30~40kg，堆放时，每隔一定高度放一块30~40cm的隔离板，最上层加盖，用重物镇压。

（二）秸秆青贮工艺

1. 青贮步骤和方法

（1）青贮作物秸秆要适时收割：玉米秸秆在果穗成熟、玉米秸秆仅有下部1~2片叶枯黄时，立即收割青贮。

（2）切短：用饲草切碎机将秸秆切碎。

（3）装填：铡短的青饲料应及时装填。为了加强密封，防止漏气透水，在青贮窖四周可铺填塑料薄膜。装填青饲料时应逐层装入。每层15~20cm厚，踩实后继续装填，特别是四角和靠壁部位要踏实。装到高出窖口1~1.5m为止，然后再压实。

（4）密封：严密封窖、防止漏水漏气是调制优质青贮料的一个重要环节。当秸秆装贮到窖口60cm以上时即可加盖封顶。可先盖一层切短的秸秆或软草（厚20~30cm），铺盖塑料薄膜再用土30~50cm覆盖拍实，做成馒头形，以利排水。

（5）青贮窖的管理：距窖四周1m处挖排水沟，防止雨水向窖内渗入。应经常检查。窖顶有裂纹应及时覆土压实，防止透气和进雨水。

（6）注意的问题：缩短铡装时间，减少氧化产热程度。青贮时应做到随装、随铡。每窖铡装过程不超过半天。

踩踏一定要结实。一是要切短秸秆，二是要重踩重压。

青贮料要力争干净，忌泥土。窖顶应呈凸圆形，上面不能堆放柴草，以防老鼠停留打洞。

发现自然下沉或裂纹，应及时添加封土，以防进水、进气、进鼠，影响青贮质量。

开窖取料，应在青贮40d以后进行，在霜降、立冬以后，随取随喂，取后盖好封口。

2. 青贮饲料品质好坏的评定及喂法、喂量

（1）饲料的颜色越是接近原来的颜色，其质量就越好：如果变

成褐色或黑绿色，则表示质量低劣。

正常的青贮饲料有一种酸香味。若带有腐烂或发霉味，则质量不好。

质量好的青贮饲料拿到手里感到松散，而且质地柔软、湿润。如果感到发枯，或虽松散，但干燥粗硬，则亦算不好的青贮饲料。腐败、恶臭的青贮饲料应禁止饲喂。

（2）青贮饲料的取用方法及喂量：取用青贮饲料时，先将取用端的土和腐烂层除掉，注意不要让泥土落入青贮饲料中，然后从打开的一端逐步开始取用。每次取用后，用塑料薄膜封闭严实，以免空气侵入引起饲料霉变。牲畜改换饲喂青贮饲料时可由少到多逐渐增加。青贮饲料可单独喂，也可与平时饲草掺和着饲喂。停喂青贮饲料时应由多到少，使牲畜逐渐适应。

第五章　牛羊常见疾病防治技术

第一节　黄牛疾病防治技术

在湘西黄牛生产中，只要预防、卫生工作做得好，疾病的发生就较少，所以在日常工作中，搞好常见传染疾病疫苗注射（口蹄疫、传染性胸膜肺炎、牛出败、流行热），搞好牛体内外的驱虫和栏舍内外的卫生消毒工作也很重要。要防止发生牛传染病，需要采取措施保证牛生活环境的卫生。常用的防疫方法有：隔离、消毒、杀虫灭鼠和粪便处理。

驱虫的程序是：每年3月用伊维菌素或者阿维菌素驱虫，一周后再进行一次；每年4月用左旋咪唑和丙硫苯咪唑驱虫一次；每年9月用伊维菌素驱虫，一周后再进行一次。

平常要学会观察牛的健康情况。健康的牛，眼睛明亮有神，眼球左右转动自如，眼皮活泼，鼻镜湿润，鼻、口及阴部没有异常分泌物，被毛短而有光泽，皮肤有弹性，脚步稳健，动作灵活，躺卧时身体较长。食欲是牛健康的最可靠指征，一般情况下，只要生病，首先就会影响到牛的食欲，每天早上给料时注意看一下饲槽是否有剩料，对于早期发现疾病是十分重要的。另外，反刍的好坏能很好地反映牛的健康状况。健康牛每日反刍8h左右，特别是晚间反刍较多。一般情况下病牛只要开始反刍，就说明疾病有所好转。

成牛的正常体温为38~39.5℃，犊牛为38.5~39.8℃。当牛患传染病、胃肠炎及肺炎等疾病时，体温多数达40℃以上。成牛每分钟呼吸10~30次，犊牛40~60次。呼出的气体有臭味是牛患病的一个特征。一般成牛脉搏数为每分钟40~80次，犊牛为80~100次。正常牛每日排粪10~15次，排尿8~10次。健康牛的粪便有适当硬度，排泄牛粪为一节一节的，但肥育牛粪稍软，排泄次数一般也稍多，尿一般透明，略带黄色。

当牛患病时，要进行卫生管理，使疾病不再恶化，早日康复。如患了传染病，首先要把牛隔离开，并对周围环境消毒。非必要的人员不要接触病牛，以防疾病的蔓延。体弱的病牛，一般怕冷，要注意保温。对中暑的牛，应立即牵到阴凉的地方，让其饮冷水或往牛体上浇洒水，使其降温。此外，要经常清理牛舍粪便，因为牛粪中含有大量的大肠杆菌及其病原菌。牛舍的地面要保持干燥，应垫上干燥的稻草，以阻止病原菌的滋生。当牛患关节炎或腐蹄病，身体有伤时，要防止粪尿污染伤口，保持牛体干净，这样就会较快痊愈。

第二节　山羊疾病防治技术

一、防疫消毒

羊圈要经常清扫，保持卫生清洁、通风良好。消毒次数：羊舍冬季间隔 1 个月，春秋季间隔半个月，夏季 10d 消毒 1 次。此外，每年春、秋季各进行一次彻底消毒。

出栏或转群后，要对羊舍和相关用具进行一次全面的消毒，才能进羊。

贮粪场的羊粪中常含有大量的细菌和虫卵，应集中处理。可在其中掺入消毒液，也可采用堆积发酵法，杀灭病菌和虫卵。

二、免疫接种

图 5-1 为技术人员正在注射羊痘疫苗。

图 5-1　技术人员注射羊痘疫苗

（一）预防羊快疫、猝疽、羔羊痢疾和肠毒血症

每年春、秋季各免疫注射一次羊多联苗。

（二）预防羊痘

不论大小羊于尾内侧皮内注射 0.5mL，免疫期为 1 年。

（三）传染性胸膜肺炎

羊传染性胸膜炎疫苗，6 月龄以上羊用 5mL，6 月龄以下羊用 3mL，皮下或肌肉注射，免疫期为 1 年。春季 3—4 月，秋季在 9—10 月。

（四）口蹄疫

每年春、秋两季对羊各免疫 1 次，免疫期为半年。

三、驱虫程序

（一）体外寄生虫

每年的 3 月和 8 月，用伊维菌素或阿维菌素对羊群进行驱虫，每月连续用药 2 次，每次间隔 5~7d。5 月和 9 月，选择晴朗的天气对羊群进行药浴，以增强羊群抵抗力。

（二）体内寄生虫

每年春、秋两季，用阿苯达唑悬浮液给羊只灌服，连续用药 2 次，间隔 7d 左右。8—10 月，针对山羊肝片吸虫，用氯氰碘柳胺钠注射液对羊群进行 1 次驱虫。

同时，结合各自养殖场实际，注意交叉用药。

四、常见普通病

（一）羔羊痢疾

羔羊病初精神萎靡，腹泻，粪便恶臭，有的稠如面糊，有的稀薄如水，后期，有的还含有血液，直到成为血便。病羔逐渐虚弱，卧地不起。如治疗不及时，死亡率较高。本病病因复杂，应综合做好抓膘保暖、合理哺乳、消毒隔离、预防接种和药物防治等措施才能有效地予以防治。羔羊出生后 12h 内，灌服土霉素 0.15~0.2g，每日 1 次，连续灌服 3d，有一定的预防效果。治疗方法：土霉素 0.2~0.3g，或再加胃蛋白酶 0.2~0.3g，加水灌服，每日 2 次。

（二）羊口疮

又称为羊传染性脓疱，是由病毒引起的一种接触性传染病，以口

唇、舌、鼻、乳房等部位形成丘疹、水疱、脓疱和结成疣状结痂为特征。治疗：先将病羊口唇部的痂垢剥除干净，用淡盐水或0.1%高锰酸钾水充分清洗创面，然后用紫药水或碘甘油（将碘酊和甘油按1：1的比例充分混合即成）涂抹创面，每天1~2次，直至痊愈；严重的先用淡盐水清洗创面，后用冰片、血竭加桐油（烧开冷却）调和涂抹疗效较好。

（三）山羊结膜炎

俗称"红眼病"。预防应注意彻底清理羊圈粪便，通风顺畅，养殖场定期消毒。羊患病初期，多为单眼患病，中后期为双眼感染，甚至失明。发现病羊后，应立即进行隔离治疗，防止病情蔓延。治疗：用3%~5%硼酸水冲洗眼部，然后用红霉素眼膏点眼，一天2~3次，一个疗程需3~5d。

（四）疥螨病

山羊疥螨病是一种常见的皮肤性传染病，本病由疥癣虫寄生所引起。症状：山羊一般多从头部的嘴角、鼻开始，先是患处脱毛，后期皮肤出现丘疹，破溃后流出黄水。治疗：用伊维菌素注射，每千克体重用药0.02mL，7d后再用一次，或用废机油给羊的患部涂药搽洗。病情严重的山羊养殖场，在天气情况好的春秋两季，可以用晶体敌百虫配成1%~2%的溶液进行全群药浴（慎防中毒）。

参考文献

［1］ 袁延文，欧燎原，邱伯根，等．湖南省养殖业科技推广培训教材［M］．长沙：湖南人民出版社，2013：61-125.

［2］ 龙再宇，刘仁民，等．湘西土家族苗族自治州志丛书畜牧水产志［M］．长沙：湖南人民出版社，1996：158-170.

［3］ 周应华．武陵山区发展草食畜牧业的思考［J］．中国牧业通讯，2005（5）：18-20.

编写：彭永胜　罗宗礼

百合产业

第一章 概 述

据《龙山县志》（1729—2004）记载："百合药食兼用植物。1966 年 9 月，洗洛公社供销社主任彭清海从江苏省宜兴县引进卷丹百合 6 808kg，投放给小井、大井、坪中大队试种 40 亩，翌年验收，单产达 600kg。此后至 1995 年，百合生产仅限于洗洛、石牌，面积在 133.3hm²，总产量在 1 600t 左右徘徊。随着百合的保健作用为更多的人所认识，其销路渐广，效益翻番，生产步伐加快。龙山县政府将其作为新的农业支柱产业予以扶持，1998 年成立百合生产办公室，翌年百合办与新建立的外资外援项目办合署办公。百合办会同县科技局、农业局开展百合高产、高效栽培集成示范，1999 年与湖南农业大学联合承担的"百合综合丰产技术开发"项目，获湖南省科委"星火科技西进示范工程"优秀项目奖。当年洗洛乡筹资 120 万元、占地 20 000m² 的百合市场（百合城）动工，2000 年年底投入使用。百合生产发展到 41 个乡（镇），当年种植面积、总产量、总产值较1996 年分别增长 3.46 倍、5.56 倍和 1.97 倍。2004 年与 2000 年比较，面积、产量略有减少，但总产值增长 58.1%"。

龙山百合历经野生百合栽培、引种试种和规模种植 3 个发展阶段，特别是近年来县百合办、农业局、科技局等部门在百合品种对比、百合种球选择、百合疫病防治、施肥量和栽植密度对比、海拔高度选择、土地轮作、水稻百合连作、高海拔育种、大棚栽植、百合种球脱毒等方面开展试验示范，总结出了一套适宜龙山自然环境的百合栽培技术。

2009 年龙山百合被国家工商行政管理总局商标局核准注册为地理标志证明商标（图 1-1）。

2010—2015 年，龙山县天缘食品科技开发有限公司、龙山县喜乐百合食品有限公司、龙山县佳湘源百合食品有限公司等百合加工企业创建的 4 万亩绿色食品基地，先后被国家绿色食品发展中心认定为绿色食品 A 级产品（图 1-2）。

图1-1　龙山百合商标注册证（证明商标）

图1-2　绿色食品A级产品证书

2013年湖南省地方标准《龙山百合》和《龙山百合生产技术规程》发布实施（图1-3）。

2011—2013年，龙山县人民政府申报创建的6万亩百合绿色食品基地通过验收，成为全国绿色食品原料（百合）标准化生产基地（图1-4）。

2014年，"龙山百合"被认定为湖南省著名商标（图1-5）。2015年获"中国百佳特色产业县（百合产业）"称号（图1-6）。

2015年，袁隆平院士为龙山百合题字"湖南龙山——中国百合之乡"（图1-7）。

图 1-3　湖南省地方标准《龙山百合》和《龙山百合生产技术规程》

图 1-4　全国绿色食品原料（百合）标准化生产基地证书

图1-5　湖南省著名商标证书

图1-6　"中国百佳特色产业县招牌"

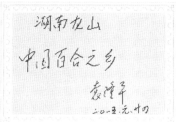

图1-7　袁隆平院士为龙山百合题字

2016年，龙山县喜乐百合食品有限公司鲜百合获中国（昆明）

十四届国际农博会金奖和 2016 中国中部消费者"最喜爱的农产品品牌"(图 1-8)。

图 1-8　龙山县喜乐百合食品有限公司获奖证书

　　2005—2015 年,是龙山百合规模化经营阶段,县内年均种植面积 8 万亩,产量 8 万 t,产值 8 亿元。2016 年,收获百合面积 8.7 万亩,总产量 7.8 万 t,总产值 9.9 亿元。主要分布在以洗洛、兴隆、石牌、石羔、茨岩塘、茅坪、红岩、召市、苗儿滩、洛塔、靛房等 11 个乡镇(街道办事处),并辐射龙山县共 21 个乡镇(街道办事处)5 万余户农户种植百合。种植面积、产量和销量均居全国之首。

第二章　百合的特性与价值

龙山百合属卷丹百合品种，在龙山自然环境条件下历经50多年提纯复壮选育而成，具有滋阴清热、润肺止咳、清心安神、抗氧化等作用，因其形态卷曲、颜白如玉、味微苦、营养价值高而闻名遐迩。

第一节　植物学特征

一、根

百合根（图2-1）有肉质须根、纤维根、不定根3种。着生于鳞茎盘底部的为肉质须根，分布于地下40～60cm处；着生在地下茎部分的为纤维根，分布在表层土壤中，吸收矿物营养及支持茎的直立；茎抽生的不定根，当年秋后与茎同枯。

图2-1　百合根

二、茎

百合茎直立，不分枝，绿或紫褐色。种叶腋着生"珠芽"，种地下茎节着生白色的"小鳞茎"（图2-2）。

三、叶

百合叶片（图2-3）呈披针形、全缘、绿色、平行叶脉、无叶柄、散生或少数轮生，叶片小。

图2-2 百合茎

图2-3 百合叶片

四、花

百合花（图2-4）单生或排列成总状花序，具苞片，花有喇叭形、钟形，花被反卷或开张不反卷；雄蕊6枚，花药"丁"字形着生，雌蕊3心皮，子房上位，3室，蒴果内含种子约240粒，种子扁平有翅，千粒重3.4g。

五、鳞茎

百合鳞茎（图2-5）为无被鳞茎，由披针形肉质鳞片抱合而成，着生在鳞茎盘上，顶芽是鳞茎的中心。顶芽出土后，其旁侧常形成2~6个新发芽点，翌年后各自分离成独立的鳞茎。鳞茎大小因种类而异，小者100g以下，大者200~300g。

图 2-4　百合花

图 2-5　百合鳞茎

第二节　生长发育周期

一、幼苗期

3月上旬至5月上旬为百合的幼苗期（图2-6），早春温度升高后，茎芽开始生长，然后出土，地上茎叶生长，地上茎土中部分开始长出须根，以吸收营养；固定地上茎，地下种茎基部四周开始分化新的子鳞茎芽，随着气温的升高，叶片数不断增加，生长越来越旺盛，植株不断长高。此期是植株吸肥最大的时期，为百合球茎的膨大奠定基础。

二、珠芽期

5月下旬至6月中旬，珠芽开始在叶腋内出现，此时期若摘除茎

图 2-6　百合幼苗期

顶芽，生长速度加快，约 30d 珠芽成熟，若不采收，自然成熟脱落。落地后形成新的鳞茎迅速膨大，使种球茎的鳞片分裂、突出，形成新的鳞茎（图 2-7）。

三、现蕾开花期

6 月上旬现蕾，7 月中旬盛花，7 月下旬终花，现蕾开花期是鳞茎膨大最快的时期，收获鳞茎前须打顶、摘除花蕾，减少养分消耗，以利于鳞茎膨大（图 2-7）。

图 2-7　百合珠芽期、花期

四、成熟期

立秋后，百合植株的地上部分逐渐枯萎，球茎开始休眠，可采收加工、贮藏、留种。

五、越冬期

百合感温性强，感光性弱，需经低温阶段，即越冬期（图2-8），球茎在土中越冬，直至翌年3月出苗。这一时期，子鳞茎的底盘生长出种子根，子鳞茎中心鳞片腋间和地上茎的芽开始缓慢生长，并分化叶片，但不长出地表。

图2-8 百合越冬期

第三节 环境条件对百合的影响

一、温度

百合性喜凉爽环境，耐寒性较强，怕火热酷暑。在年生长周期中，早春气温回升至10℃以上时，鳞茎顶芽开始生长，当10cm处土温达到14~16℃时即可破土出苗。幼苗出土后，耐霜冻能力较差，如日平均气温降至10℃以下时，生长受到抑制。百合生长发育温度以16~24℃最适宜，生长最快，气温高于28℃时，生长受阻，高于33℃，持续时间5~7d以上，植株逐渐枯萎死亡。鳞茎耐寒性较强，就龙山气候条件而言，在土中越冬的百合不会发生冻害。

二、光照

百合喜半阴半阳条件，是耐阴性较强的一种作物。但不同的生长发育阶段存在一定差别。苗期至开花初期喜光照，如光线过弱，生长发育会受到一定程度影响。生长后期对光照强弱反应不太敏感，较弱的光照对其生长更为有利，强光伴随高温反而会使生长发育受到抑制，缩短叶片功能期，植株提早枯黄。

三、水分

百合耐干旱能力较强，怕渍涝。整个生长期土壤含水量都不能过高，否则，根系和鳞茎会因缺氧引起腐烂，导致植株枯死。

尤其6—7月，是鳞茎生长最快，形成产量的关键阶段，最忌土壤湿度过大。而龙山县这段时间又是一年中降雨量最多的季节，常常是高温伴随高湿，土壤含水量长期处于过高状态，对百合为害极大，并易引起病害严重发生。因此，要注意加强田间管理，及时排出雨后积水，抓好病害防治工作。

四、土壤

肥沃深厚的砂壤土和壤土最适宜百合生长。土壤 pH 值以 5.5~6.5 为宜。就龙山而言，砂岩、板页岩、河流冲积物母质发育的土壤，质地适中，酸碱度适宜，自然肥力较高，鳞茎生长快，肥大，色白，产量高。而石灰岩发育的土壤，质地黏重，碱性较强，通气排水不良，鳞茎抱合紧密，个体小，产量低，质量差，不适宜栽培。

五、肥料

百合根系发达，吸收养分多，是耐肥能力较强的作物。幼苗出土后，茎叶生长非常迅速，要求有充足的氮素营养供应。亩产百合1 100kg 以上，需施纯氮 25~30kg。同时，要配合施用磷、钾肥料。氮、磷、钾元素的比例以 1：0.6：0.8 比较适宜。施用的肥料应以腐熟有机肥和商品有机肥为主，占总施肥量的 60% 以上。注意增施硼肥，百合是单子叶植物中对硼需求量较大的一种。

第四节　百合的价值

一、药用价值

龙山百合，味甘，性微寒，归心、肺经。早在 2000 多年前，百合就被中医引用，历代《本草》中都有详尽的记述。中医认为："百合有润肺止咳、清心安神、补中益气之功能，能治肺痨久咳、咳唾痰血、虚烦、惊悸、神志恍惚、脚气浮肿等症。"百合的药用价值始载于汉代的《神农本草经》，其记百合"主邪气腹胀，心痛，利大小便，补中益气。除浮肿颅胀，痞满寒热，通身疼痛，治百种病，温肺止咳；捣粉作百食，最益人；和肉更佳。"可以说，这是对百合功效的一个综述。之后张仲景在《金匮药略·方论》中指出百合为良药，并记载了其炮制方法。《日化子本草》描述百合为："安心，定胆，益志，养五脏。"

近年来的研究表明，百合中含有硒和秋水仙碱，是疗效较好的抗肿瘤药。另外，百合在止咳化痰、催眠安神、抗疲劳与耐缺氧、升高外周白细胞、保护胃黏膜及抑制迟发过敏性反应等方面均具有显著效果。其他大量医药典籍中对百合的药用价值也都有描述，为后人开发利用中药百合提供了依据。百合及以其为主药的复方临床应用非常广泛，是一疗效确切、安全可靠的防病、治病之品。

二、食用价值

龙山百合含有磷脂、水溶性糖类、生物碱、皂苷、蛋白质、淀粉、氨基酸、维生素和大量的微量元素。百合多糖作用于机体免疫系统，可对免疫功能有明显的调理作用，是高档美容保健食品。我国华东地区（以上海为中心）素有鲜食龙山百合的习惯，华南、西南地区有用龙山百合炒、炖菜习俗。

三、观赏价值

百合文化源远流长，有独特而丰富的文化内涵，喻意百事合意、百事合心，象征团圆、和谐、幸福、纯洁、发达、顺利。无数诗人画家将百合入图入诗，画出吟诗百合纯洁、吉祥、如意的精神风采，西方更是把百合当作爱情与美好的象征，与东方百合遥相呼应。

第三章　百合栽培技术

龙山百合，经过 50 多年的种植实践，总结出适宜龙山自然环境下种植的最佳技术路线：选用良种→合理密植→优化施肥技术→综合农艺措施→防治病虫害→适时打顶→及时采收（图 3-1）。

图 3-1　龙山百合生产流程

第一节　土壤选择与处理

一、选地

以排水良好的板叶岩砂质壤土生长较好，潮湿低洼地不宜栽植。龙山百合前茬以豆类、水稻和玉米为佳。稻田选排水方便的砂壤土，雨季不积水的丘块为佳。旱土选土层深厚较肥沃的台地和缓坡地，一般实行 3 年以上的轮作制，前作不宜种葱蒜类植物。连作使百合根系不发达，色泽变黄，病虫害加重，产量大幅下降。

二、整地

前作收获后清园，种植前选晴天，深耕 25~30cm 整细。将恶性杂草带根捡拾干净，移出田间，偏酸土壤可结合整地施生石灰 50~100kg，起调酸和杀菌消毒作用（图 3-2）。

图 3-2　整地和做畦

三、作畦

稻田做成深沟高畦，畦宽 1.5m，沟宽 0.3m，沟深 0.25m，并加宽加深围沟、十字沟，做到大雨不积水。旱土畦宽 1.8m，沟宽 0.2~0.25m，深 0.15~0.2m。旱土厢面可适当宽些，沟可适当浅些，过水地应加宽加深围沟，做到雨季不渍水（图 3-2）。

第二节　种球选择、播期与种植密度

一、选种

选择生长势强、无病虫害或较轻的丘块留种。秋季成熟后选无病斑、色白、鳞片抱合紧密、每株鳞茎重 150g 以上、单个子鳞茎重 30~50g 的作种，鲜食百合选单个鳞茎 50g 以上，加工用的种球小一点也可以，种球可随挖随种，也可以立秋后将选好的种球贮藏于阴凉处秋凉后种植，有条件的可采用冷库低温贮藏种球更安全。

二、播期

秋季播种（图3-3）。一般9—10月进行，海拔800m以上地区宜早种植，冬季能形成健壮的根系，出苗早，发育快，产量高。

图3-3　播种和施底肥

三、播种密度

采用宽行窄株，根据单个种球大小决定，单个子鳞茎重30~50g，株距14~16cm，行距30~32cm；单个子鳞茎重50~56g，株距16~20cm，行距32~38cm，单个种球小的可适当密些，大的适当稀些。大种球亩栽8 000株，中等种球亩栽9 000~12 000株，小种球亩栽12 000株以上。大的种球一般采用条播垄栽，适当深栽，根据单个种球大小，垄高10~15cm，便于中耕施肥培土，提高产品质量。小的种球，由于行距小，一般采用平畦栽培，开沟条播，沟深10cm，按适宜的株距放入种茎一个，顶端向上，播后覆土。播种宜早不宜迟，11月播种，由于气温降低，越冬期间发根少，翌年出苗迟，苗小苗弱，不利于高产。

第三节　施肥

一、基肥

翻耕整地时，每亩撒施腐熟有机肥1 500kg，播种时每亩用发酵饼肥150kg，过磷酸钙肥25kg或商品有机肥80~120kg，点施于两株百合之间，不得接触百合种球。

二、苗肥

翌年 2 月中旬进行。每亩施腐熟有机肥 1 000kg 或商品有机肥 80~120kg，均匀撒于厢面。

三、壮茎肥

翌年 4 月中旬百合苗高 15cm 左右时进行，结合培土每亩用硫酸钾复混（合）肥 40~50kg，其 N、P、K 含量配比为 15-15-15，不得使用含氯复混（合）肥。打顶后，视百合长势，于行间施钾肥或喷施叶面肥补充。叶面肥选高钾、高锌、磷酸二氢钾等，使百合植株保持健壮生长，提高抗病能力。

第四节　中耕培土与除草

一、中耕

翌年 2 月上旬百合幼芽长出种球前，结合除草，中耕施肥一次，有利于齐苗、壮苗。中耕深度以不损伤种球和根系为宜。恶性杂草，应在整地、中耕时，带根移除田间，防止杂草蔓延，造成出苗后难以防除，影响通风透光和生长，或生长期拔草损伤根系，且费时费力，效果差。

二、培土

3 月下旬至 4 月上旬苗高 15cm 时，结合追肥进行，深栽深培，浅栽浅培，有利于沥水，提高百合品质（图3-4）。

图 3-4　中耕培土

三、除草

2月上中旬进行一次中耕除草。出苗后至植株封行前，中耕除草2次，均宜浅锄。

第五节 植株调整、盖草与打顶、除珠芽

一、植株调整

出苗后，除去病苗、弱苗和变异苗，减少病害传播。

二、盖草

百合出苗后，进行中耕施肥除草，然后盖上稻草，可保墒和防除杂草滋生，不使土壤板结，防止夏季高温而引起鳞茎腐烂（图3-5）。

三、打顶

5月上、中旬进行，提早上市的可提前到4月下旬，依据长势，长势旺的早打，弱的迟打。苗高45cm，80~100片功能叶。控制地上部分生长量和叶面积，使营养物质向珠芽和地下鳞茎转送。打顶选晴天中午进行，以利伤口愈合，防止病菌侵入（图3-5）。

图3-5 盖草和打顶

四、除珠芽

6月珠芽长成后，选晴天在不损伤叶片的前提下，及时除珠芽，使养分向地下鳞茎输送。

第六节　采收、留种与贮藏

一、采收

8—9月为采收适期（图3-6），这时采收的鳞茎产量高，品质好，而且耐贮藏，鲜销的6月下旬可开始上市。采收选晴天，避免人为损伤，挖起后要随时剪去茎秆、须根，除净泥土；装筐时做到轻拿、轻放、轻装，且大球与小球，加工用与鲜销，健球与病球要分装，分开贮运，及时运入室内，薄层摊晾，遮盖避光，以免强光直晒而造成外层鳞片干燥和变色，影响美观，降低商品价值。

图3-6　采收

二、留种

留种百合宜枯黄收，立秋前后，叶片已完全枯黄，进入休眠期，即可采收留种，一定要抢晴天采收，损伤小，不染病，利于贮藏。

三、贮藏

种用鳞茎，贮藏于通风、干燥室内，枯草或细沙覆盖。鲜销鳞茎，地头套袋装箱，预冷后入保鲜库贮藏。用于加工的鳞茎及时干化处理，常温贮藏（图3-7）。

龙山鲜百合分级指标及感官指标见表3-1、表3-2。

图 3-7　贮藏

表 3-1　龙山鲜百合分级指标

项　　目	质量分级		
	特级	一级	二级
单个质量（g）	150	100	50

表 3-2　龙山鲜百合感官指标

项　　目	感官指标
色　　泽	牙白
外　　观	具有鲜百合固有的形状，2~6 头抱合成球形，成熟适度，新鲜、清洁，无腐烂、畸形，无冷冻害损伤，无病虫害，无肉眼可见外来杂质，无机械损伤。
滋味、气味	具有百合固有的滋味、气味，味微苦，无其他异味

第四章 病虫害防治

第一节 百合病虫害综合防治措施

一、防治原则

坚持预防为主、综合防治的原则，使用安全、高效、低残留的药剂，注意安全间隔期和使用次数。

二、农业防治

（一）选用无病种球

选种时将有斑点、霉点和虫伤以及鳞片污黑、底盘干腐无根系的球茎剔除，选球茎新鲜，色泽洁白和底盘完好以及根系良好的鳞茎作种。

（二）妥善贮种

种球挖出选好后，在室内自然阴凉 2~3d，放入凉爽的室内或冷库沙藏，忌放在会回潮的水泥地板上和高温干燥的室内。同时防止老鼠及家畜等为害。

（三）科学选地

选择 3 年以上未种过辣椒、茄子、马铃薯、烟草、葱蒜类等作物，且排水良好，不易旱涝，土质疏松肥沃砂壤地块栽种，不选易积水的低洼地和黏性土质。

（四）轮作

最好采用水旱轮作，或与豆类、玉米 2~3 年轮作。

合理深耕整地：前作收获后，选晴天深翻晒地，下种前结合施基肥整平、整细，消除杂草。

（五）起好三沟

稻田土深沟窄厢，1.5~1.6m 包沟，围沟宽 0.5m，深 0.45m，厢沟宽 0.3m，深 0.25m，十字沟宽 0.4m，深 0.3m，防止雨季渍水，做到雨停沟干。旱土沟适当浅些，厢面适当宽些。

（六）增施腐熟有机肥

主要施腐熟的猪、牛粪、草木灰、饼肥等，均匀深翻入土。促进生长均衡健壮，提高抗病能力。

（七）清除病残体

前作和百合收获后，整地时将前作和百合病残体清除出去，集中烧毁，减少病害初侵染原菌。

三、化学防治

病虫害发生较重时，必须进行化学防治，才能控制住病虫害流行，避免大面积减产或绝收。按与收获有足够的间隔时间，高效、低毒、低残留的原则，选择安全、高效的农药防治。

（一）科学选用农药

按无公害百合、A级绿色百合等产品标准的要求选择，做好用药档案记录保存。不使用禁止使用的农药，确保产品质量达标。

（二）合理复配混用农药

科学合理复配混用农药，可扩大防治对象，提高防治效果，延缓有害生物的抗药性，降低防治成本，充分发挥现有药剂药效，延缓农药品种使用年限的作用。一是农药厂把两种以上的农药原药混配加工，制成不同的制剂，投放市场，二是防治人员根据当时当地有害生物防治的实际需要，在防治现场把两种以上的农药现混现用，主要有杀菌剂加杀菌剂，杀虫剂加杀虫剂。虽然农药复配可以产生很大的经济效益，但切不可任意混合，盲目的混合。应坚持先试验后混用的原则，否则，不仅不能增加防效，还可能增加毒性和有害生物的抗药性。

（三）轮换用药

在一个地区长期连续使用单一品种的农药，容易增强有害生物的抗药性，连续使用数年，防治效果大幅度降低，轮换使用作用机制不同的农药，可提高防治效果，延缓有害生物产生抗药性。

（四）对症用药

注意田间病虫害发生情况，根据天气趋势，在发生初期及时对症用药，防止病虫害迅速蔓延。

（五）注意生长时期适时用药

1. 播种期

将精选的种球子鳞茎分开，用 70% 甲基硫菌灵或 50% 多菌灵可湿性粉剂 500 倍液浸种 15～30min，或用 25% 咪鲜胺 1 000 倍液，或 650～700 倍密霉胺浸种 20min，浸泡后用清水冲一遍再播种。土壤可用重茬剂等药剂进行土壤消毒。地下害虫发生区域于种植沟撒毒辛颗粒剂防虫。

2. 出苗期

出苗初期一般不用药，齐苗后，视天气情况，遇阴雨低温天气，注意防治立枯病、蚜虫、蛴螬等病虫害，叶面喷药用药量轻，防止产生药害。

3. 幼苗期至打顶

随着幼苗的生长，温度的升高，生长加快，注意防治蚜虫、蛴螬和疫病、灰霉病、病毒病、叶斑病等病害。

4. 打顶至采收

打顶后，南方 5—6 月多雨，加上气温升高，病害有加重的趋势，根据天气情况和田间生长感病情况，做到勤观察，10d 左右喷保护剂一次，发病的丘块对症用药，杜绝病害蔓延，用药量适当加重。

5. 种子贮藏期

种子采收后，将选好的种球，喷 500 倍液多菌灵一次，晾干后贮藏于阴凉通风处，防止霉烂。

四、物理防治

利用杀虫灯、性诱杀等（图 4-1）。

图 4-1　杀虫灯和黄色粘虫草板

五、生物防治

利用天敌，使用生物农药。

第二节　百合常见病虫害防治方法

一、立枯病

是苗期的主要病害，发生普遍，寄主广泛。

（一）症状

嫩芽感病后根茎部变褐色，枯死。成年植株受害后，从下部叶开始变黄，然后整株枯黄以致死亡。鳞茎受害后，逐渐变褐色，鳞茎上形成不规则的斑块。

（二）发病规律

病菌能在土壤中病残体或腐殖质上生存，一般可存活 2~3 年，遇适宜条件即可侵染蔓延，温度 24℃ 生长适宜。湿度大，光照不足是立枯病发生的主要条件。

（三）防治方法

该病为土传病害，应实行轮作。

播种前，种球用 500 倍液咪鲜胺浸种 20min。

加强田间管理，增施磷、钾肥，使幼苗健壮，增强抗病力。

出苗后喷 50% 多菌灵 500 倍液 2~3 次，或用 200 倍波尔多液防治。病死植株及时拔出，病区撒生石灰消毒。

二、鳞茎基腐病

主要为害植株茎基部，影响植株生长，导致死亡。

（一）症状

植株茎基部渐变为暗褐色至腐烂，叶片下垂且变黄，上部叶表现正常，但植株停止生长，最终死亡。

（二）发病规律

土壤病残体带菌是病害的侵染来源。种球在贮藏过程中发热干瘪，可导致幼苗抗病力降低。该真菌是弱寄生的土壤习居菌，能长期在土壤中腐生，因土壤淹水、黏重、施用未腐熟的有机肥和地下害虫等原因引起侵染。病菌要求高温，常在植株生长中后期、气温升高、连续阴雨后转晴而突然发生病害。

（三）防治方法

除用药剂处理种球外，还必须有良好的农业栽培措施相配套，选用健壮无病种球，加强贮藏保管措施，防止种球失水。

三、灰霉病

是百合生产中普遍发生的一种病害，严重时茎叶枯死，造成减产。

（一）症状

叶片感病，通常为黄褐色至红褐色圆形或椭圆形斑块，大小不一，长2~7mm，某些斑块的中央为浅灰色，边缘呈淡紫色。天气极度潮湿时斑上生灰霉层，干燥时病斑变薄而脆，半透明状，浅灰色，严重受侵染的叶片引起叶枯。病害蔓延到茎秆，会使生长点死亡。鳞茎上感病引起局部腐烂。该病在温暖潮湿的条件下，整个生长期均可发病（图4-2）。

图4-2　灰霉病

（二）发病规律

病菌主要以菌核生存度过不良环境，经常附在落于地上的花叶上，第二年春天土壤中的菌核会长出灰霉层，含大量的分生孢子，通过风雨在植株间迅速传播。灰霉病病原菌生长适温 22~25℃，从 6 月上旬起因雨水多，雾露重，病害扩展快。

（三）防治方法

一是烧毁患病植株的叶片茎秆，减少病原。二是实行水旱轮作，减少病菌通过土壤传播。三是选用 70%甲基硫菌灵 500 倍液、菌核净 400 倍液、75%百菌清 400 倍液、50%速克灵 800 倍液、400 倍百菌清加噻森铜等药物其中的一种，7~15d 一次，连续 2~3 次。

四、炭疽病

多发生在叶片、花朵、鳞茎上。

（一）症状

叶片发病，产生椭圆形、淡黄色、周围黑褐色稍下陷的斑点。遇到下雨，茎叶上产生黑色粒点。花蕾发病，则开始产生数个至 10 多个卵圆形或不规则形、周围黑褐色，中间淡黄褐色狭隘的病斑，成熟后病斑中央稍变透明。鳞茎发病，基部及外层鳞片出现褐色不规则的病斑，病、健部界限清楚，不久变褐色干硬状（图 4-3）。

图 4-3　炭疽病

（二）防治方法

一是加强田间管理，合理密植，做到通风透光。二是选择无病种球，种球用 25%咪鲜胺 500 倍或 500 倍克菌丹浸种 30min。

五、疫病

该病在雨水多的年份发病重，导致茎叶腐烂，造成减产。

（一）症状

6—8月发病，茎、叶、花均可受害。茎部受害茎基部被感染处初期出现水渍状，后形成软腐，成为暗绿色至黑褐色不规则病斑，并向上扩展后腐败，产生稀疏的白色霉层，同时根系大量死亡，基部叶片先黄化，生长受抑制，长势减弱，湿度大时，在地上的茎部也常发生类似的软腐感染，引起茎猝倒、弯曲或软腐，幼嫩的叶片易感染，初为水浸状小斑，后逐渐扩大为灰绿色病斑，花受害后呈软腐（图4-4）。

图4-4　疫病

（二）发病规律

春季孢子萌发，侵染寄主引起发病，降雨多、空气和土壤湿度大，病残体能产生大量的孢子囊，通过雨水飞溅引起再侵染，短期能造成病害蔓延。

（三）防治方法

一是选无病种球；二是药剂浸种：用500倍福美双浸种，或咪鲜胺浸种；三是深沟高畦，畦面平整，清沟、利于排水，合理密植，改善通风条件，增施磷、钾肥和有机肥，促进植株健状，中耕、除草时不伤根系茎部，减少病菌从伤口侵入；四是发现病死株，立即拔出，用50%石灰乳消毒处理；五是用400倍液霜脲锰锌，或甲霜锰锌，严重丘块用400倍液精甲王铜防治。

六、花叶病

为百合生产上普遍流行的一种病害。

（一）症状

染病叶片上出现深浅不一的斑驳条斑、花叶、叶片扭曲、畸形、花苞畸形和植株明显矮缩。

（二）发病规律

播种时种球带毒，出苗后即染病，田间主要通过蚜虫等进行非持久性传毒，以汁液摩擦传毒，管理条件差、蚜虫发生量大及与其他葱蒜类植物连作或邻作发病重。

（三）防治方法

一是百合种植田块及周围作物注意防治蚜虫，防止病毒的重复感染和蔓延；二是加强水肥管理，健壮植株，提高抗病能力。三是发病初期开始喷洒1.5%植病能1 000倍液，或吗呱乙酸铜，或高锌，或20%病毒净500倍液。

七、软腐病

是百合在收获或贮藏期间易发生的细菌性病害。

（一）症状

受害鳞茎鳞片上发生水渍状斑块，球茎变软有恶臭味，受害鳞茎两天内就会烂掉。

（二）发病规律

软腐病是一种细菌性病害，病菌腐生存繁殖能力极强，病菌从伤口侵入球茎后，分泌酶破坏胶质，使细胞离析，从而使组织腐烂。

（三）防治方法

一是选择排水良好的地块种植；二是在种植时选无病毒种球，并进行消毒；三是生长季节避免产生伤口，采收挖种时不挖伤、碰伤，减少侵染；四是大田发病时，用5 000倍农用连霉素水溶液或5 000倍新植霉素喷洒叶面，每7~10d一次，连续2~3次，喷雾时应喷湿叶面滴水为宜；五是贮藏种球前，用500倍50%多菌灵或500倍咪鲜胺均匀喷雾，晾干后贮藏，保持阴凉通风。

八、百合枯萎病

引起百合枯萎病的病原菌主要为尖孢镰刀菌百合专化型，另外，还有茄腐皮镰刀菌和串珠镰刀菌。

（一）症状

不同地区病原菌不完全相同，但其中都有一个主要的致病菌。病原菌主要以菌丝体在种球内，或以菌丝体、厚垣孢子及菌核随病残体在土壤中越冬。鳞茎染病长出的叶片发黄，早期枯死，从下部叶上移到上部叶，变黄枯萎，病株鳞茎上的褐色病斑可造成整个鳞茎腐烂。有的植株中上部，茎秆变干褐，造成叶片变黄、脱落、植株较矮。茎基部感染，出现斑点状病斑，常在茎表层，拔出植株根系发育较差，几乎无基生根，茎生根较少，茎秆枯萎或青枯，最后整株枯死，鳞片水渍状，下凹腐烂，鳞茎盘变褐腐烂。

（二）发病规律

5月上中旬为发病高峰，5月下旬植株大量枯死，6—7月持续发生。高温多雨，田间积水，湿气重，偏施氮肥、土壤偏酸等均有利于发病。

（三）防治方法

开沟排水、轮作、选抗病品种。

氮肥适当少施，增施钾肥，提高抗病力。

种球消毒后播种，发病初期用200倍代森锰锌加300倍多菌灵，或25%蓝点1 000倍液，或30%绿得保悬浮液等防治。

九、地老虎

俗称切根虫、土蚕等，常见的种类有小地老虎、大地老虎、黄地老虎等，以小地老虎分布最广，全国各地普遍发生。

（一）为害特征

地老虎幼虫体长18~24mm，黄褐至黑褐色，体表粗糙，布满黑色小颗粒和龟裂状皱纹，腹部第一至第八节背面各有4个黑色毛片。食性极杂，主要为害刚出土幼苗，咬断幼苗或生长点，造成缺苗或地上部停止长高和增加叶片数，影响产量和质量。

（二）防治方法

一是早春铲除周围和田埂上的杂草；二是出苗期喷三氟氯氢菊酯

或 50%辛硫磷乳油 800 倍液 1~2 次防治，虫龄较大为害较重时采用灌根，杀死土中幼虫；三是用杀虫灯或糖醋液诱杀成虫，春季诱杀成虫的成分主要是糖、醋、酒、水，比例为 3：4：1：2，加入少量敌百虫或毒死蜱，于苗期将诱液放在盆内，傍晚时放到田间距地面 1m 处，诱杀成虫，早上收回或加盖，以防诱液蒸发。

十、蛴螬

成虫的种类不同，体长也不同。幼虫一般在 5~30mm，乳白色，或乳黄色，头部发达，多为黄色或赤褐色，身体柔软，皮肤皱折多毛，腹部末节圆形，虫体肥胖向腹部变曲，常呈"C"字形。尾部腹面刚毛的排列是区别各种成虫的重要依据。蛴螬一般一年发生一代，幼虫或成虫在土壤中越冬，翌年春季气温回升，逐渐向土壤上面移动，当土壤温度达 15℃以上时，到 10cm 以上的表土活动取食，夏季温度升高，土壤干燥，下移到深层不动，秋季再回到表层活动，10月后，陆续潜到 30cm 以下的土层中越冬。夏季多雨，土壤湿度大，厩肥施用较多的土壤发生较重。

（一）为害特征

蛴螬是金龟子的幼虫，主要活动在土壤内，为害百合的鳞茎和根，吃去根系和鳞茎盘，直至破坏整个鳞茎，造成生长不良、萎蔫或鳞茎腐烂，在 7—8 月鳞茎形成期间为害最重。

（二）防治方法

一是施用腐熟的有机肥，以防止招引成虫来产卵；二是合理安排茬口，条件好的实行水旱轮作；三是田间观察发现为害植株时，可挖出被害植株根系附近的幼虫；四是发生丘块，播种时，用毒辛颗粒剂施入定植沟杀死越冬幼虫。结合培土，撒辛硫磷颗粒防治。7—8 月发现为害用 1 500 倍辛硫磷或三氟氯氢菊酯浇植株根部。

第五章　百合种球繁殖方法

第一节　小球茎繁殖法

百合在生长过程中，能从老球茎上部及埋于土中的茎节处，生长出多个小球茎，可把它们分离，作为繁殖材料另行栽植。这种方法的优点是繁殖时间缩短（1~2 年即可得到种用球茎），病害较少，有一定的提纯复壮效果，缺点是数量增长慢，用种量大。

一、人工促生小球茎

为提高繁殖率，促进更多小球茎的形成，可采用人工促进法。将球茎适当深栽，使茎的地下部位相对增长，有利于产生小球茎。百合开花后，将地上茎留 40cm 剪去上部茎叶，可促使地下茎节形成小球茎。百合开花后，将茎压倒浅埋土中，促使叶腋间形成小球茎。百合开花后，将茎带叶切成小段，每段带叶 3~4 片浅埋在湿沙土中，经过一定时间，在叶腋内可产生小球茎。仔球形成较多的植株，会影响大球茎的生长发育，影响商品百合的产量和质量。据调查，小球茎约占球茎总产量的 20%，其中达到种用球茎标准的（30~50g）约占小球茎总重的 60%。所以人工促生小球茎，不要大面积用于生产中。

二、小球茎的收获

在 9—10 月收获百合时，同时收获小球茎，并根据小球茎的大小进行分级，30~50g 的直接做种用球茎，20~30g 及 10g 以下的则要培育 3 年才能达到种用球茎标准。将分级后的小球茎在室内沙埋单独贮藏。

三、栽植

用小球茎培育种用球茎，在秋季或早春均可播种。秋季播种的，第二年开春出苗早，生长快，在土壤墒情较好时，应尽可能秋季播种。小球茎播种的苗床宜选在湿润、疏松肥沃、排水良好的砂壤土或腐殖土地块，结合整地每亩施腐熟农家肥 2 000kg，然后耕翻，做成宽 1~1.2m 的苗床，两苗床间开宽 20~25cm、深 10~15cm 的排水沟。播种前，挑选无病虫伤害、近似圆球形的仔球作种，并将仔球茎底盘上的须根剪去。用 2% 福尔马林液浸泡 15min 消毒，取出稍晾后，按行距 25cm，沟深 5~7cm，每隔 5~7cm 摆 1 个小球茎覆土。覆土后浇1 次透水。图 5-1 为使用小球茎繁殖的第一年幼苗。

图 5-1　小球茎繁殖法第一年幼苗

四、田间管理

第二年春季出苗后，及时进行中耕除草等管理。第三年春，苗高20cm 时，每亩施尿素 10~12kg，钾肥 7.5~10kg，并及时进行中耕。一般较大的仔球，生长 3 年后，秋末冬初即可采收作种用球茎用，较小的仔球如达不到种用球茎标准可再培育 1 年。

第二节　种芯繁殖法

当百合收获后，将长成的球茎剥下后可用于食用、药用，或加工成食品等，将种芯部分作繁殖材料再重新栽入大田中。

一、球茎选择

选择无病害、球大、洁白、没有病斑、根系发达、分瓣清晰、抱合紧凑的植株作种。

二、留芯

龙山百合一般每个母球由 3~5 个子鳞茎组合而成，在加工干片时，把子瓣分开，使每个子瓣都带有茎底部盘及根系，将每个子鳞茎外部大鳞片剥除，留下种芯作繁殖材料（图5-2）。用沙藏越夏，待秋凉后播种。

图5-2　种芯繁殖法第一年幼苗

三、播种

可垄栽，可沟栽、可穴栽，覆土约5cm，密度视百合根基数量和土地面积而定。约过月余，从根基部分又可生长出新生小球茎，经2~3年的培养，便可长成商品种用球茎。

四、田间管理

同其他繁殖方法。利用较大的种芯繁殖，第二年可获得较高的商品产量，但繁殖系数小，每亩需用种300kg以上，连续繁殖4~5年后，种性易退化，病害加重，必须更新种子。

第三节　珠芽繁殖法

珠芽培育法适用于产生珠芽的龙山百合品种，每珠可产生珠芽40~50粒以上。珠芽培育生长缓慢，在田间的时间长（图5-3）。

一、珠芽的采收

6月中旬是采收珠芽的适期。采收珠芽宜在晴天进行，用短棒轻轻敲打百合植株中部和下部，把珠芽打落在容器内。然后，把采收的珠芽于湿润细沙混合贮藏阴凉通风处，待9月下旬至10月上旬栽植用。

图5-3　珠芽培育法的苗床和第一、第二年小球茎

二、珠芽的栽植

珠芽栽植的适宜时间是9月下旬至10月上旬。要选择土质疏松、排水良好的地块栽种。按行距12~15cm，开4cm深的播种沟，沟内每4~6cm播珠芽1枚，播后覆土3cm左右，并覆草以利安全越冬。

三、田间管理

第二年春季出苗时揭除覆草，并追肥浇水，促进秧苗旺盛生长。秋季地上部枯萎后挖取小球茎，此时球茎直径已有1~2cm，随即再另设苗床播下，行距30cm，株距9~12cm，覆土厚度6cm。第三年春季出苗后施肥管理，使秧苗健壮生长。秋季掘起时，30~50g的球茎可作种用球茎，较小的再培育1~2年。

第四节　组织培养法

龙山百合，50多年以来都是通过无性繁殖自留种和连作方式进行扩繁生产，已积累了大量的病毒及真菌性、细菌性病害，因为病虫害积累，导致种性退化。而解决这个重大问题的最有效的关键技术途径就是尽快推广应用脱（病）毒百合种球替代现有带（病）毒的种球。

一、百合脱毒的基本原理

病毒属于非细胞生物，其繁殖和生存寄生于其他生物细胞中，因而严格地说任何药剂都不能完全解除其为害。百合体内本身携带病毒或感染病毒后，其病毒在体内可以进一步繁殖和侵染。病毒在体内的分布不是均匀的，可以依据病毒本身生物学特性以及在植物体内分布的不均匀性，配合物理、化学方法脱除病毒而获得无病毒植株。

二、脱毒原原种组织培养

在组培室，利用茎尖或根尖分生组织细胞致密紧实、孔隙狭小病毒颗粒进入扩散困难，配合病毒抑制剂、热击等处理的茎尖或根尖组织培养，辅助病毒分子检测技术筛选，从而获得脱毒原原种，通过组织培养快速繁殖，实现工厂化、规模化生产脱毒原种（图5-4）。

图5-4　组培室培养和苗床培管

三、脱毒原种种球快繁

建立原种球保护地生产示范基地，组培生产的百合小籽球，需要在保护地条件下种植2~3年生长到商品原种种球，再利用原种种球进行鳞片扦插繁殖，扩大繁殖系数。图5-5为大田扩繁。

图5-5　大田扩繁

第六章 实用丰增产增效技术

第一节 地膜覆盖技术

一、土壤选择

以排水良好的砂质壤土生长较好，潮湿低洼地不宜栽植。百合前茬以豆类为好，其次是水稻和玉米，忌连作、重茬。

二、整地作厢

百合是地下鳞茎作物，需要土壤深厚、疏松肥沃、水分适宜的土壤。深耕整地是百合丰产的一项重要措施。栽种前深翻土壤25cm以上，最好以南北行向为佳，以利光照，耙平作厢，要求畦宽约150cm、高约25cm，同时开好3沟：清沟沥水，使田间无积水，防止水淹、水冲，畦间沟宽约30cm，田中腰沟及田边围沟宽约50cm。

三、种球处理

选用无病虫、发育饱满4~5个头的鳞茎，重150g以上，分开成单个种球，播种前种球用25%咪鲜胺500~1 000倍液浸种进行药剂灭菌处理，药液干后播种，以保安全出苗。

四、适时播种

9—10月播种，适宜的播种深度为8~12cm，砂质土再适当加深，黏质土宜浅播。株行距20cm×30cm，亩留苗1.0万~1.2万株。亩用种量为250~300kg。

五、地膜覆盖及破膜接苗

百合地膜覆盖对提高地温，增加积温，促进越冬期间百合种子根的生长，对早出苗有明显的作用。由于苗早发，生长量加大，生育期提前，能取得早熟增产的效果。百合在惊蛰前后出苗，最迟盖膜最好在出苗前一个月。

（一）选膜

地膜宜选用厚度为 0.004～0.008mm 抗拉性强的微膜，购买时应注意查看产品的合格证，而且要注意成批、整卷地膜的外观、质量，质量好的地膜呈银白色，整卷匀实，纵向和横向的拉力都较好。

（二）盖膜细节

提高盖膜的质量更是地膜覆盖栽培的关键环节。盖膜一般在 1 月至 2 月上旬，覆膜前，中耕施肥，整平、整细厢面，喷精异丙甲草胺等多项作业同时进行，足墒后立即盖膜避免水分蒸发。如果整地不平、不细，地膜不易盖严，地膜和地面贴得不紧，必将影响到它的保温、保水、保肥和抑制杂草生长的效果。最好是用机械铺膜，采用手工铺膜时最好 3 人一组，即由一人在前边铺膜，两人分别在畦的两侧培土，固定薄膜。铺膜时要从严掌握，力求达到紧、平、严 3 项标准，即要求将膜拉紧、铺平、盖严，薄膜紧贴土壤表面，这样才可能达到土壤最佳增温效果。每一个畦上的薄膜四周都要用土压严、压实。畦沟一般不覆盖薄膜，留作灌水、追肥。在铺盖薄膜之前，要根据畦或垄的宽度，选择适宜幅宽的薄膜，避免浪费。在早春多风的季节要经常注意对薄膜进行维护，及时检查破裂口，并随时用细土封压好。

（三）破膜接苗

百合出苗时自然顶破为最好，如果有不易顶破膜的要及时破膜接苗，防止地膜灼伤百合幼苗（图 6-1）。①接苗要轻，千万不能伤及苗生长点。②破苗接苗孔不能大，否则：一是易从接苗孔处生长杂草，二是起不到增温保湿作用。③接苗时从厢沟两边进行，不能踩踏厢面，否则造成烂膜和积水。④接苗后对接苗孔过大的地点要进行培土封口，保温保湿。

图 6-1　破膜接苗

第二节　水旱轮作技术

一、科学选地、整地

（一）选地

选择土质疏松肥沃、地势较高、排灌水方便，土层厚度 50cm 以上，雨季不积水被淹的田块。

（二）整地

播种前 7~10d 对土地深翻 25~35cm，结合整地，把地整平，按 1.5m 刨沟开厢，要求沟沟相通，主沟深见犁底层，四周要有围沟，做到雨停沟干，不渍水。

二、精选种球，严格消毒

选种鳞茎分开后，子鳞茎重 35g 以上的播种，有利于发挥稻田百合的增产潜力。

三、适时播种，合理密植

10月上旬晚稻收获后立即耕田种百合。

四、综合防治病虫

稻田百合（图6-2）长势强，生长快，容易积水，应加强管理，注意天气变化，勤巡视，雨天清沟，防止积水被淹损失。

五、适时采收

鲜百合上市时及时采收，或成熟后加工干制、留种贮藏。

第三节　避雨栽培技术

应用塑料大棚温光技术栽培百合，缩短其生长期，避免因持续阴雨天气造成的病虫害发生，确保旱涝保收，提早成熟上市，提高百合种植效益。

一、大棚种类

分固定式钢架大棚（图6-3）和一次性塑料大棚（图6-4）两种。

图 6-2　百合水稻连作基地

图 6-3　固定式钢架大棚

二、大棚管理

固定式钢架大棚宜先建后种植百合，一次性塑料大棚宜先种植百合后搭建大棚。农历大雪前，夜间平均气温低于 8℃ 后方可扣簿。注

图6-4 一次性塑料大棚

意雪灾，及时将棚面上积雪清除，防止棚架塌陷。

三、注意事项

（一）温度控制

白天棚内温度超过30℃时要打开门和裙膜通风透气，夜间关闭门窗保温。

（二）灌水

大棚内空气相对干燥，须定时灌水（图6-5）。可采用滴灌和沟内漫灌两种方式，一次灌足，可间隔5~7d。

图6-5 定时灌水

（三）定时除草

大棚内温度适宜杂草生长，且生长速度较快，结合中耕培土定时除去杂草。

参考文献

［1］ 童巧珍、肖深根．白术、百合规范化种植与加工［M］．长沙：湖南科技出版社，2012．

［2］ 周佳民．百合高效种植与加工技术［M］．长沙：中南大学出版社，2013．

［3］ 杨宝山、胡庆华．食用百合种植实用技术［M］．北京：科学技术文献出版社，2012．

［4］ 龙山百合生产技术规程［S］．湖南：湖南省质量技术监督局，2012．

编写：彭启洪　刘昱卉　黄敬贵

附录　常见物理量名称及其符号

单位名称	物理量名称	SI（国际单位制符号）
千米	长度	km
米	长度	m
厘米	长度	cm
毫米	长度	mm
平方米	面积	m^2
公顷	面积	hm^2
升	体积	L
毫升	体积	mL
摄氏度	温度	℃
吨	质量	t
千克/公斤	质量	kg
克	质量	g
毫克	质量	mg
小时	时间	h
分钟	时间	min
秒	时间	s
氢离子浓度指数	酸碱度	pH
勒克司	光照度	lx
千焦	热量和做功	kJ
兆帕	压力强度	MPa
抗生素单位	质量	U